“十三五”国家重点出版物出版规划项目

软物质前沿科学丛书

生物分子大数据分析

Big Data Analysis of Biomolecules

赵蕴杰　著

科 学 出 版 社
龍 門 書 局

北 京

内 容 简 介

本书主要介绍了物理模型和大数据分析方法在生物分子中的应用，重点介绍了动态网络、直接耦合分析和机器学习等大数据分析方法。通过阅读本书，读者不仅可以了解网络和机器学习等问题的基础知识，还可以通过小分子结合靶点分析、生物分子相互作用预测和小分子代谢物分类等研究实例，了解相关算法的使用，帮助读者结合自身研究选择合适的大数据分析方法。

本书适合对生物问题感兴趣的物理、数学、化学、生物和计算机专业的研究生阅读，对从事生物物理、生物信息学和分子生物学等研究领域的读者也有参考价值。

图书在版编目(CIP)数据

生物分子大数据分析/赵蕴杰著. —北京：龙门书局, 2019.9
（软物质前沿科学丛书）
“十三五”国家重点出版物出版规划项目 国家出版基金项目
ISBN 978-7-5088-5633-9

Ⅰ.①生… Ⅱ.①赵… Ⅲ.①数据处理-应用-分子生物学 Ⅳ.①Q7-39

中国版本图书馆 CIP 数据核字(2019) 第 182338 号

责任编辑：钱 俊 陈艳峰／责任校对：杨 然
责任印制：赵 博／封面设计：无极书装

科学出版社
龍門書局 出版
北京东黄城根北街 16 号
邮政编码：100717
http://www.sciencep.com
北京中科印刷有限公司印刷
科学出版社发行 各地新华书店经销
*
2019 年 9 月第 一 版 开本: 720 × 1000 1/16
2024 年12月第三次印刷 印张: 9 1/2
字数: 188 000
定价: 98.00 元
(如有印装质量问题, 我社负责调换)

作 者 简 介

赵蕴杰，理论物理博士，华中师范大学物理科学与技术学院副教授。研究方向为生物物理学，在 *Nature Immunology*，*Nucleic Acids Research*，*Bioinformatics* 等刊物上发表学术论文 30 余篇，主持和参与国家自然科学基金、湖北省自然科学基金等多项课题。2016 年入选湖北省“楚天学者”人才计划, 2019 年入选华中师范大学“桂子青年学者”学者名师支持计划。主要教授普通物理、生物信息学、机器学习与生物物理、分子生物物理等课程。受邀担任 *Scientific Reports* 的 Editorial Board Member 和 *Physical Reviews* 等国际学术杂志审稿人。

丛 书 序

社会文明的进步、历史的断代，通常以人类掌握的技术工具材料来刻画，如远古的石器时代、商周的青铜器时代、在冶炼青铜的基础上逐渐掌握了冶炼铁的技术之后的铁器时代，这些时代的名称反映了人类最初学会使用的主要是硬物质. 同样，20 世纪的物理学家一开始也是致力于研究硬物质，像金属、半导体以及陶瓷，掌握这些材料使大规模集成电路技术成为可能，并开创了信息时代. 进入 21 世纪，人们自然要问，什么材料代表当今时代的特征？什么是物理学最有发展前途的新研究领域？

1991 年，诺贝尔物理学奖得主德热纳最先给出回答：这个领域就是其得奖演讲的题目 ——"软物质". 以《欧洲物理杂志》B 分册的划分，它也被称为软凝聚态物质，所辖学科依次为液晶、聚合物、双亲分子、生物膜、胶体、黏胶及颗粒等.

2004 年，以 1977 年诺贝尔物理学奖得主、固体物理学家 P.W. 安德森为首的 80 余位著名物理学家曾以 "关联物质新领域" 为题召开研讨会，将凝聚态物理分为硬物质物理与软物质物理，认为软物质 (包括生物体系) 面临新的问题和挑战，需要发展新的物理学.

2005 年，*Science* 提出了 125 个世界性科学前沿问题，其中 13 个直接与软物质交叉学科有关. "自组织的发展程度" 更是被列入前 25 个最重要的世界性课题中的第 18 位，"玻璃化转变和玻璃的本质" 也被认为是最具有挑战性的基础物理问题以及当今凝聚态物理的一个重大研究前沿.

进入新世纪，软物质在国外受到高度重视，如 2015 年，爱丁堡大学软物质领域学者 Michael Cates 教授被选为剑桥大学卢卡斯讲座教授. 大家知道，这个讲座是时代研究热门领域的方向标，牛顿、霍金都任过这个最著名的卢卡斯讲座教授. 发达国家多数大学的物理系和研究机构已纷纷建立软物质物理的研究方向.

虽然在软物质研究的早期历史上，享誉世界的大科学家如爱因斯坦、朗缪尔、弗洛里等都做出过开创性贡献，荣获诺贝尔物理奖或化学奖. 但软物质物理学发展更为迅猛还是自德热纳 1991 年正式命名 "软物质" 以来，软物质物理不仅大大拓展了物理学的研究对象，还对物理学基础研究尤其是与非平衡现象 (如生命现象) 密切相关的物理学提出了重大挑战. 软物质泛指处于固体和理想流体之间的复杂的凝聚态物质，主要共同点是其基本单元之间的相互作用比较弱 (约为室温热能量级)，因而易受温度影响，熵效应显著，且易形成有序结构. 因此具有显著热波动、多个亚稳状态、介观尺度自组装结构、熵驱动的顺序无序相变、宏观的灵活性等特征. 简单地说，这些体系都体现了"小刺激，大反应"和强非线性的特性. 这些特性并非仅仅由纳观组织或原子或分子的水平结构决定，更多是由介观多级自组装结构决定. 处于这种状态的常见物质体系包括胶体、液晶、高分子及超分子、泡沫、乳液、凝胶、颗粒物质、玻璃、生物体系等. 软物质不仅广泛存在于自然界，而且由于其丰富、奇特的物理学性质，在人类的生活和生产活动中也得到广泛应用，常见的有液晶、柔性电子、塑料、橡胶、颜料、墨水、牙膏、清洁剂、护肤品、食品添加剂等. 由于其巨大的实用性以及迷人的物理性质，软物质自 19 世纪中后期进入科学家视野以来，就不断吸引着来自物理、化学、力学、生物学、材料科学、医学、数学等不同学科领域的大批研究者. 近二十年来更是快速发展成为一个高度交叉的庞大的研究方向，在基础科学和实际应用方面都有重大意义.

为推动我国软物质研究，为国民经济作出应有贡献，在国家自然科学基金委员会中国科学院学科发展战略研究合作项目 “软凝聚态物理学的若干前沿问题” (2013.7~2015.6) 资助下，本丛书主编组织了我国高校与研究院所上百位分布在数学、物理、化学、生命科学、力学等领域的长期从事软物质研究的科技工作者，参与本项目的研究工作. 在充分调研的基础上，通过多次召开软物质科研论坛与研讨会，完成了一份 80 万字研究报告，全面系统地展现了软凝聚态物理学的发展历史、国内外研究现状，凝练出该交叉学科的重要研究方向，为我国科技管理部门部署软物质物理研究提供一份既翔实又前瞻的路线图.

作为战略报告的推广成果，参加本项目的部分专家在《物理学报》出版了软凝聚态物理学术专辑，共计 30 篇综述. 同时，本项目还受到科学出版社关注，双方达成了 “软物质前沿科学丛书” 的出版计划. 这将是国内第一套系统总结该领域理论、实验和方法的专业丛书，对从事相关领域的研究人员将起到重要参考作用. 因此，我们与科学出版社商讨了合作事项，成立了丛书编委会，并对丛书做了初步规划. 编委会邀请了 30 多位不同背景的软物质领域的国内外专家共同完成这一系列专著. 这套丛书将为读者提供软物质研究从基础到前沿的各个领域的最新进展，涵盖软物质研究的主要方面，包括理论建模、先进的探测和加工技术等.

由于我们对于软物质这一发展中的交叉科学的了解不很全面，不可能做到计划的 “一劳永逸”，而且缺乏组织出版一个进行时学科的丛书的实践经验，为此，我们要特别感谢科学出版社钱俊编辑，他跟踪了我们咨询项目启动到完成的全过程，并参与本丛书的策划.

我们欢迎更多相关同行撰写著作加入本丛书，为推动软物质科学在国内的发展做出贡献.

主　编　　欧阳钟灿
执行主编　　刘向阳
2017 年 8 月

序　言

生物物理学是一门传统的学科，目前已经有很多很好的教材和专著讲述生物物理的基本理论和方法。随着生物大数据时代的到来，新的研究方向和研究方法不断出现，学生和研究人员都非常需要比较系统地掌握这方面的知识，特别是生物大数据的分析方法，因此需要有教材或参考书及时反映生物物理学相关领域这些新的发展。赵蕴杰博士编写的《生物分子大数据分析》一书很好地满足了这方面的需求。该书针对生物大数据，介绍了几种近年来被研究者广泛关注和大量使用的重要的分析方法，包括动态网络、直接耦合分析和机器学习等。特别是通过作者自己的研究工作，书中详细地介绍了这些方法在生物物理学以及相关研究领域中的应用，不仅能让读者接触到研究前沿，而且能让读者掌握这些方法并用于自己的研究，非常有实用价值。赵蕴杰博士在书中介绍的研究方向和研究方法上都有比较深入的探索，相信该书对想要了解和进入生物大数据分析相关领域的读者会有很大的帮助。

肖　奕
华中科技大学物理学院生物物理研究所
2019 年春节于武汉

前　言

生物物理学是推动科学技术发展的基础理论学科，大数据分析的迅猛发展在我们研究生物物理学以及探索新理论、寻找新方法中起着非常重要的促进作用。2014 年 Mike May 在*Science*上发表了一篇题为*Big biological impacts from big data*的论文，提出大数据和大数据分析对生物学和医学的发展有重要的促进作用。

21 世纪的我们生活在一个大数据的时代，海量的图片、文字、地理信息和消费记录等大数据与我们的生活息息相关。1 分钟热门微博的转发量可以超过 10 万，1 分钟中国在线移动支付金额有近 4 亿元，1 分钟中国约有 7.6 万件快递被收发。大数据与大数据分析在金融、通信、军事和科学研究等诸多领域有着越来越重要的贡献。

生物大数据也在急剧增加。第一个人类基因组的测序工作历时 13 年并投入了 30 亿美元才获得 30 亿核苷酸序列。现在人类基因组测序仅需 1000 美元，每周可以产生 320 多个基因组数据。随着生物实验技术的不断改进与完善，生物序列数据、二级结构数据、三级结构数据、代谢物数据和小分子药物数据等海量数据急剧增加。生物大数据有明显的复杂性特征。药物设计的研发工作往往需要联合基因组数据、蛋白组数据、细胞信号传导、临床研究和环境科学等复杂的研究数据。因此，目前急需能快速整合分析生物大数据的新理论与新方法。近些年，生物大数据与大数据分析已经取得了相当丰硕的成果。复杂网络分析、机器学习和深度学习等大数据分析方法对理解生物学功能、解释疾病机理和预防疾病等问题有重要的帮助。

生命体由大量的蛋白质、核酸等生物大分子以及小分子组成，这些生物分子以及之间的相互作用和化学反应通路构成了复杂的生物网络系统。本书从生物分子中几种典型的大数据类型出发，结合分子动力学模拟、复杂网络分析、多序列比对、机器学习和深度学习等理论模型，对生物分子的结构特征和结合靶点预测等问题进行研究；探讨了生物分子序列共进化和三级结构空间相互作用的关系；同时还讨论分析了深度学习模型在代谢物分子分类等问题中的应用。

我的学生和相应领域的研究专家参与了本书的数据搜集、撰写和校对工作，分别是王慧雯 (华中师范大学博士研究生，复杂网络分析)、简弋人 (美国乔治・华盛顿大学博士研究生，RNA 相互作用预测)、刘志超 (美国乔治・华盛顿大学博士研究生，生物代谢物分析)、曾洲豪 (美国乔治・华盛顿大学博士研究生，深度学习)、王凯丽 (华中师范大学硕士研究生)、王晓囡 (华中师范大学硕士研究生)、邱嘉迪 (华中师范大学本科生) 和刘文硕 (华中师范大学本科生)。感谢华中科技大学物理学院肖奕教授为本书作序，感谢美国乔治・华盛顿大学物理系曾辰教授为本书提供了大量宝贵的修改意见。本书的出版得到了华中师范大学物理科学与技术学院和科学出版社的大力支持。感谢华中师范大学物理科学与技术学院贾亚教授、科学出版社提供的帮助和关心支持。本书的写作占用了大量的业余时间，感谢家人的理解和支持。

由于水平有限，书中难免有不当之处，还望读者指正，请将建议发到如下邮箱：yjzhaowh@mail.ccnu.edu.cn。

赵蕴杰
2019 年春于武汉

目　　录

丛书序
序言
前言
第 1 章　绪论 …… 1
1.1　迅速增长的生物数据 …… 1
1.2　不断发展的理论分析方法 …… 6
1.3　本书的组织与使用 …… 8
参考文献 …… 8
第 2 章　生物分子网络分析 …… 12
2.1　引言 …… 12
2.2　细胞周期蛋白依赖性激酶研究 …… 13
2.2.1　生物分子网络模型 …… 17
2.2.2　潜在药物口袋分析 …… 18
2.2.3　药物口袋特异性分析 …… 26
2.3　复合物结合靶点分析 …… 29
2.3.1　靶点预测网络模型 …… 30
2.3.2　靶点预测网络模型测试与结果分析 …… 32
2.3.3　靶点预测网络模型普适性分析 …… 35
2.4　小结 …… 39
参考文献 …… 39
第 3 章　生物分子相互作用预测 …… 47
3.1　引言 …… 47
3.2　相互作用预测模型 …… 50
3.2.1　含有间接相互作用的预测模型 …… 50
3.2.2　直接相互作用预测模型 …… 52
3.3　RNA 相互作用预测研究 …… 57
3.3.1　受限玻尔兹曼机预测模型 …… 58
3.3.2　长程空间结构相互作用预测分析 …… 63
3.3.3　相互作用预测结构特征分析 …… 65
3.3.4　相互作用预测与结构建模 …… 67

3.4 小结 …… 70
参考文献 …… 71
第 4 章 生物分子与深度学习 …… 78
4.1 引言 …… 78
4.2 神经网络与深度学习 …… 80
4.2.1 神经网络 …… 80
4.2.2 单层神经网络 …… 83
4.2.3 多层神经网络 …… 87
4.2.4 反向传播算法 …… 89
4.2.5 常用的深度学习模型 …… 91
4.3 生物代谢物分析研究 …… 95
4.3.1 基于深度学习的代谢物分析模型 …… 98
4.3.2 模型精度与代谢物分析 …… 100
4.3.3 模型信号质量评估 …… 101
4.3.4 单细胞代谢组学的性能验证 …… 102
4.4 小结 …… 102
参考文献 …… 102
附录 …… 110
附录 A 结合位点预测主要代码 …… 110
附录 B 直接耦合分析主要代码 …… 115
附录 C RNA 训练集 …… 123
附录 D 代谢物分析训练主要代码 …… 133
索引 …… 138

第1章　绪　　论

生物分子包括蛋白质、核酸和其他生物体内的各类有机分子，是所有生命有机体的核心分子，有遗传信息存储、能量存储、催化反应、生物代谢、分子运输、病毒防御和结构支持等重要的生物学功能。我们处在生物分子数据信息急剧增长和分析方法不断涌现的大数据时代 [1-8]。生物实验大数据和生物信息学大数据分析方法使我们可以从分子水平理解生物分子的结构特征、生物学功能和调控机制，并将其应用于揭示疾病的发病机理和相关疾病的诊断治疗。

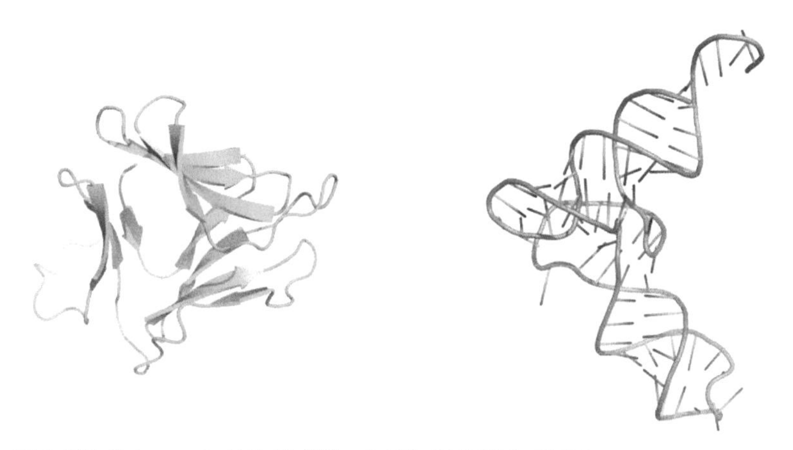

图 1.1　蛋白质结构与 RNA 结构示意图。左图为植物凝集素蛋白 (PDB code：1KJ1)，右图为 tRNA(PDB code：5UD5)

1.1　迅速增长的生物数据

近 20 年来，生物分子实验数据发展的一个显著特点是数据量的急剧膨胀，迅速形成和产生了拥有海量数据的数据信息库，提供了各种需要的实验信息。生物分子数据库包括多种类型：有序列数据、二级结构数据、三级结构数据、代谢物数据、分子结合靶点数据、药物结合口袋数据、小分子药物数据和基因组数据等不同类型的数据库。

随着高通量测序技术的出现和不断完善，遍布世界各地的大学和实验室等研究机构每天都在测定和产生不同物种的序列，源源不断的序列信息更新到数据库中，生物分子序列信息的增长量十分惊人。例如，华大基因通过基因测序已完成超过

300 万例 HPV 检测，179 万例耳聋基因检测和 340 万例无创产前检测；中国国家基因库于 2011 年开始建设，涵盖了人类微生物资源、海洋多样性资源、疾病资源、植物资源、人类遗传资源、动物资源和地球微生物资源等亿万样本资源，形成了有一定规模的生命大数据库，支撑服务于我国临床检测、疾病防治、生物农业、物种多样性保护等生命经济的各个领域；美国国家生物技术信息中心建立的序列数据库 GeneBank(https://www.ncbi.nlm.nih.gov/genbank) 在 2000 年底约有 100 亿个碱基对，2010 年底，GeneBank 中的数据涨到约 1200 亿个碱基对，2018 年 GeneBank 中的数据则涨到约 2850 亿个碱基对，GeneBank 中的序列数据随着时间有大幅度的增加 (图 1.2)[9−11]。

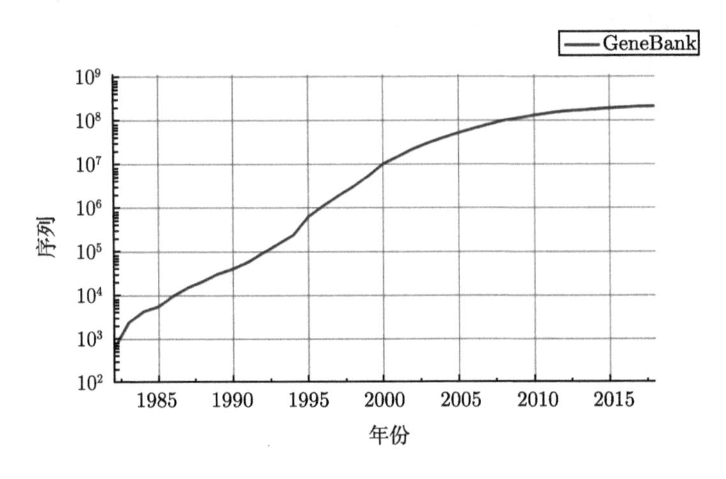

图 1.2　GeneBank 数据库中的序列增长情况 (截至 2018 年，数据来自 https://www.ncbi.nlm.nih.gov/genbank)

NONCODE 数据库 (http://www.noncode.org/) 在 GeneBank 的海量数据中筛选出了特定长度的非编码 RNA 基因，是整合分析非编码 RNA 的综合数据平台 [12−14]。NONCODE 数据库主要有：非编码 RNA 的序列信息 (对相应序列进行了注释)；长链非编码 RNA 信息 (lncRNA 基因)；RNA-seq 的相关数据；已发表的非编码 RNA 相关论文；遗传变异数据库 (dbSNP)；微阵列数据和全基因组关联研究 (GWAS) 等。NONCODE 数据库从非编码 RNA 的大数据中理解并解释长链非编码 RNA 基因与疾病的关系，对现代生物学和医学研究有重要的帮助。目前 NONCODE 数据库已经更新到了第 5 版，包含人、小鼠、牛、大鼠、黑猩猩、大猩猩、红毛猩猩、恒河猴、负鼠、鸭嘴兽、鸡、斑马鱼、果蝇、线虫、酵母、拟南芥和猪等 17 个物种，共有 548 640 个长链非编码 RNA 转录物和 354 855 个长链非编码 RNA 基因 (详见表 1.1)。

表 1.1 NONCODE 数据库中不同物种序列的分布情况

(数据来自 http://www.noncode.org/)

物种	lncRNA 转录物数目	lncRNA 基因数目
人	172 216	96 308
小鼠	131 697	87 774
牛	23 515	22 227
大鼠	24 879	22 127
黑猩猩	18 004	12 790
大猩猩	18 539	15 095
红毛猩猩	15 178	13 106
恒河猴	9 128	6 010
负鼠	27 167	17 795
鸭嘴兽	11 210	9 163
鸡	12 850	9 527
斑马鱼	4 852	3 503
果蝇	42 848	15 543
线虫	3 154	2 552
酵母	55	52
拟南芥	3 763	3 472
猪	29 585	17 811
总共	548 640	354 855

生物分子的三维结构是从分子层次理解和阐明生物学规律的基础。因此，解析生物分子的三维结构是研究结构–功能关系，理解其作用机制的重要步骤。目前，测定生物分子三维结构的实验方法主要有：X 射线晶体衍射分析、核磁共振波谱分析和冷冻电镜实验。其中，X 射线晶体衍射分析是应用最为广泛的三维结构解析技术，主要步骤为：首先，将纯化的生物分子结晶；然后，搜集和处理 X 射线衍射实验数据；最后，确定相位并修正结构。然而，X 射线晶体衍射分析方法需要较好的晶体结构，对蛋白质或核酸等生物分子的结晶要求较高，随机聚合沉淀等结晶是该技术的主要瓶颈。如何筛选和优化生物分子形成有序晶体，限制了 X 射线晶体衍射技术在生物分子上的应用。

核磁共振波谱分析是另一个普遍应用的三维结构测定方法，在医学诊断等研究中也有相当广泛的应用。核磁共振波谱分析测定分子三维结构的精度取决于实验数据的质量，目前已可以达到相当于 X 射线衍射晶体 2Å的实验结构精度。除此以外，核磁共振波谱分析还可以研究生物分子的动力学性质、折叠过程和结构变化等问题。但是，核磁共振波谱分析仅适用于分子量较小的蛋白质、核糖核酸 (RNA) 等生物分子的结构测定，对于拓扑结构较为复杂的复合体和大分子则只能测定其部分结构域，较难做出精确解析。

冷冻电镜技术是近几年发展比较迅速的一种结构测定方法，可以用来解析尺寸较大的复合体三维结构 [15−17]。冷冻电镜不需要生物分子形成晶体结构，仅需少量的生物样品就可以通过快速冷冻获得生物大分子的结构特征。近年来，冷冻电镜技术硬件和软件的快速发展极大地提高了冷冻电镜的应用范围，可以得到近原子分辨率的生物大分子结构。另外，图像采集质量的提高、基于深度学习数据处理等技术的出现提高了冷冻电镜的实验精度，高分辨率生物大分子结构的出现对理解生物学调控机理有重要的贡献。

随着 X 射线晶体衍射、核磁共振波谱分析和冷冻电镜实验技术的不断完善，PDB 结构数据库 (www.rcsb.org) 中的生物分子结构数据得到显著增长：2008 年 PDB 结构数据库中生物分子结构的年增加量为 7075 个结构数据，2017 年数据库中的生物分子结构的年增加量则为 13 049 个结构数据 (图 1.3)[18,19]。近十年，越来越多的科研工作者正在使用 PDB 数据库中的结构数据来分析生物分子的性质、特征和理解其生物学机理 (图 1.4)。

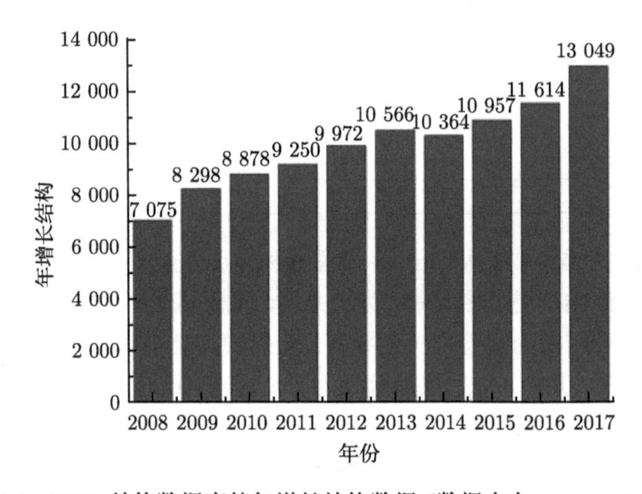

图 1.3　PDB 结构数据库的年增长结构数据 (数据来自 www.rcsb.org)

蛋白质结构分类数据库 (Structural Classification of Proteins-extended, SCOPe) 是伯克利加州大学实验室在 PDB 结构的基础上搭建的蛋白质结构分类数据库 [20]。目前，该数据库中有 alpha 结构蛋白 289 类，beta 结构蛋白 178 类，alpha/beta 结构蛋白 148 类，alpha+beta 结构蛋白 388 类，多结构域蛋白 71 类，膜蛋白 60 类，小蛋白 98 类等不同类型的蛋白质结构 (截至 2018 年 10 月)。CATH 是伦敦大学 20 世纪 90 年代中期开发和维护的蛋白质结构分类数据库，提供蛋白质结构域分类信息 (http://www.cathdb.info)[21]。CATH 从 PDB 结构数据库中识别蛋白质三维结构的蛋白质结构域，并按照拓扑结构和同源相似性进行了分类，将 95 000 000 个蛋白质结构域分成了 6119 个结构域家族。

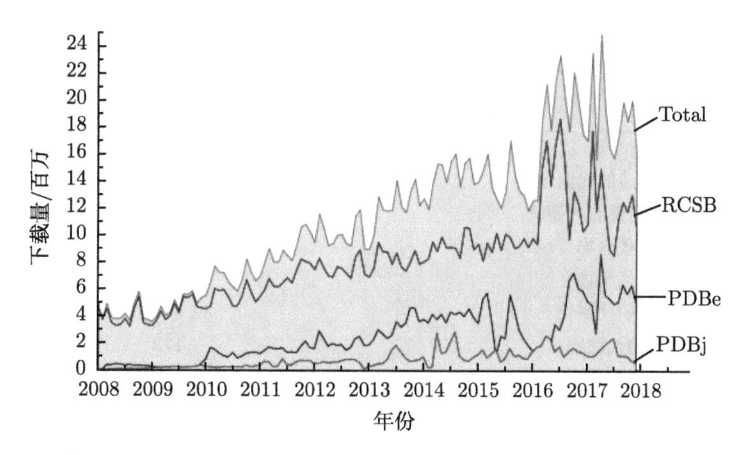

图 1.4 PDB 结构数据库的年下载量 (数据来自 www.rcsb.org)

KEGG(https://www.kegg.jp) 是从分子层次了解生物系统功能的数据库 [22]。该数据库通过基因组大规模测序和高通量实验技术等实验方法搜集分子水平信号，从而理解细胞、生物有机体和生态系统等不同层次的规律。其中，KEGG 代谢数据库汇集了生物系统中小分子、生物聚合物和其他化学物质，也搜集了生物代谢、膜转运、信号传递、细胞周期等生化过程信息。

HMDB(http://www.hmdb.ca) 是专门针对人类代谢物和代谢信息的数据库 [23]。该数据库收集整理了相关书籍、期刊文献和其他代谢数据库中的信息，有质谱 (Mass Spectra，MS) 和核磁共振 (Nuclear Magnetic Resonance，NMR) 等实验技术对尿液和血液等样本分析的结果。参考质谱和核磁共振实验结果，该数据库还有化合物描述、结构信息、物化数据、疾病相关性、通路信息、酶数据、基因序列数据、SNP 和突变数据等。目前，该数据库包含 114 100 个代谢物条目 (详见表 1.2)，包括水溶性和脂溶性代谢物以及被视为丰富 (>1 km) 或相对罕见 (<1 nm) 的代谢物，与其他数据库 (KEGG、PubChem、ChEBI、PDB、UniProt 和 GenBank) 有较为完善的交叉引用链接，对生物化学和代谢组学等相关领域的研究学者有重要的帮助。

DrugBank(http://www.drugbank.ca) 是由加拿大卫生研究院发展的药物数据库，搜集整理了小分子药物、药物靶点、药物靶点相互作用和药物机理等信息 [24]。2006 年建立以来，DrugBank 数据库中的药物数目和药物相互作用数量等数据都有了较大增长，现已收录药物 10 562 个，其中已批准的小分子药物有 3254 种 (详见表 1.3)。目前，DrugBank 数据库更新收录了数百种药物对代谢物水平、基因表达水平和蛋白质表达水平调节的信息，增加了老药新用试验和新药临床试验的数据。DrugBank 对改善药物有效性、药物耐药性和药物安全等问题有显著帮助。

表 1.2　HMDB 数据库中不同代谢物的分布情况 (数据来自 http://www.hmdb.ca)

类别	数目
代谢产物	114 100
已检测定量的代谢物	18 599
已检测未定量的代谢物	4 141
预测代谢物	9 955
内生代谢物	92 372
食物中的代谢物	32 443
微生物代谢物	172
药物代谢物	2 415
植物代谢物	143
毒性代谢物	163
代谢物光谱数据	156 226
人类代谢组中的代谢物	867

表 1.3　DrugBank 数据库中不同药物的分布情况
(数据来自 https://www.drugbank.ca)

类型	数目
小分子药物	9 335
已批准药物	3 254
已批准的小分子药物	2 337
实验药物	5 030

1.2　不断发展的理论分析方法

生物分子是由电子、原子、基团和链段等组成，内部相互作用和外部环境对其结构稳定性与功能十分重要。生物分子的相互作用和环境对其的影响可用势函数表征，将势函数代入运动方程即可推断生物分子的性质。分子动力学模拟是由 Alder 和 Wainwright 于 1957 年创立的一种重要的生物分子计算方法。该方法采用势函数表征结构单元之间的相互作用；然后，通过分子间的相互作用力改变分子坐标和动量，求解牛顿运动方程并确定其运动轨迹；最后通过能量值判断分子构象的平衡和非平衡性质等动力学信息。目前的分子动力学模拟主要有全原子模型和粗粒化模型，用于解决不同尺度和不同精度的生物分子计算问题。常用力场有 AMBER、CHARMM 和 GROMOS 等，可描述键、角、二面角、范德瓦尔斯、静电和其他相互作用 [25−28]。利用 AMBER、GROMACS 和 NAMD 等分子模拟软件，可以在分子层次上理解生物分子的结构–功能关系，动力学特征和调控机制等问题

[29−31]。近年来，加州大学圣迭戈分校的 Zaida Luthey-Schulten 研究组提出了基于分子动力学模拟的动态网络分析方法，该方法可以利用网络拓扑结构信息来表征蛋白质结构的动态特征 [32−34]。

生物分子需要形成稳定的空间结构从而实现其生物学功能，如何预测蛋白质或核酸的空间结构和关键相互作用一直是生物分子研究的重要问题 [35−37]。目前已有 SWISS-MODEL、Modeller、I-TASSER、Rosetta 等蛋白质结构建模方法 [35,38−47] 和 ModeRNA、Vfold、RNAComposer、3dRNA、SimRNA、Rosetta FARFAR、iFoldRNA、NAST[36,37,48−58] 等 RNA 结构建模方法，但仍需要进一步提高生物分子的结构建模精度。序列在重要的相互作用位置以共同进化的方式维持结构和功能的稳定是进化过程中的基本规律 [59,60]。以蛋白质为例，利用蛋白质序列信息来准确预测蛋白质的氨基酸–氨基酸空间结构相互作用是分子结构建模、理解蛋白质结构–功能关系的重要基础。近年来，直接耦合分析方法在理论上取得了进步，利用蛋白质家族的多序列比对结果分析两个氨基酸位置之间的关联性，通过间接相互作用关系求解直接的成对耦合，充分提高了氨基酸–氨基酸空间结构相互作用预测的准确性。在蛋白质和核酸的测试集分析中，基于共进化关系的直接耦合分析方法在相互作用预测中均有较好的效果，对生物分子结构建模有重要的帮助。

2018 年 2 月，*Science*出版了一期名为*Precision Medicine and Cancer Immunology in China*的增刊，10 余位国内专家详细描述了中国精准医学的发展趋势，专家指出：如何识别并准确表征靶标蛋白的生物标记、根据靶标蛋白特征筛选和设计靶向药物仍颇具挑战 [61]。准确的靶蛋白结构信息是药物设计和开发的重要基础。大部分生物分子需要和其他蛋白质、核酸或小分子配体相互作用才能发挥生物学功能。结合位点的大小、形状以及结合口袋中基团的分布对特异性药物设计，阐释药物分子作用机理和老药新用等领域都具有重大意义。因此，结合位点分析对于合理化药物设计至关重要，药物设计需要结合位点的精确信息作为起点。PDB 结构数据库中高分辨率结构数量的不断增加，为基于结构的合理化药物设计提供了机会。目前已有很多预测潜在药物靶点的方法，包括基于配体结构特征的预测方法、基于蛋白结构特征的预测方法以及基于数据挖掘的预测方法。DrugBank 收集了详细的药物数据、药物靶点和药物作用信息，被广泛用于促进药物靶点发现、药物设计、药物筛选、药物相互作用预测等研究。

在大数据时代，如何将生物分子大数据转化成有价值的知识已经成为基础科学研究的挑战之一 [62,63]。近年来，蛋白质组学、生物成像、生物信号处理等生物大数据和机器学习、深度学习等大数据分析方法的结合，充分证明了大数据分析方法在该领域中的作用，并正在影响生物分子的研究和相关医学应用。例如，辉瑞 (Pfizer) 公司利用 IBM Watson 的机器学习技术来寻找肿瘤免疫治疗药物，中国药明康德新药开发有限公司于 2015 年开始了人工智能的药物相关研究。深度学习模型已经可以较为成功地预测遗传变异对发病机理的影响，小分子与蛋白质活性关系，应用于筛选和设计小分子药物等生物医学问题。

1.3 本书的组织与使用

本书定位为生物物理学科的参考书籍，本书的阅读对象建议为本科生、研究生或从事生物物理、生物信息学、分子生物学等生物分子分析的研究工作者。其他章节的安排大致如下：

第 2 章主要介绍基于分子动力学模拟的生物分子复杂网络分析方法。首先介绍了复杂动态网络模型的理论基础与常用的参数选择；然后分析了细胞周期蛋白依赖性激酶的网络结构，如何利用动态网络特征识别潜在药物结合靶点；接着以核酸为例讨论了利用网络分析模型预测结合位点信息。

第 3 章主要介绍了基于序列共进化的生物分子空间结构相互作用预测方法。首先介绍了空间结构相互作用预测方法模型的理论基础与常用的参数选择；然后介绍了基于受限玻尔兹曼机的空间结构相互作用预测模型；接着用基于受限玻尔兹曼机的空间结构相互作用预测模型在测试集进行测试与比较分析。

第 4 章主要介绍了机器学习和深度学习方法在生物分子相关研究上的应用。首先介绍了常用的神经网络与深度学习模型；然后介绍了基于质谱实验数据的生物分子代谢物深度学习模型；最后对代谢物进行了比较分类和化学结构特征分析。

参 考 文 献

[1] May M. *Big biological impacts from big data.* Science, 2014, **344**(6189):1298-1301.

[2] Dolinski K and Troyanskaya O G. *Implications of big data for cell biology.* Mol Biol Cell, 2015, **26**(14):2575-2578.

[3] Li Y and Chen L. *Big biological data: challenges and opportunities.* Genomics Proteomics Bioinformatics, 2014, **12**(5):187-189.

[4] Greene C S, et al. *Big data bioinformatics.* J Cell Physiol, 2014，**229**(12):1896-1900.

[5] Savage N. *Bioinformatics: Big data versus the big C.* Nature, 2014, **509**(7502): S66-S67.

[6] Merelli I, et al. *Managing, analysing, and integrating big data in medical bioinformatics: open problems and future perspectives.* Biomed Res Int, 2014, **2014**:134023.

[7] Denny J C. *Surveying recent themes in translational bioinformatics: Big data in EHRs, omics for drugs, and personal genomics.* Yearb Med Inform, 2014, **9**:199-205.

[8] Zou Q. *Editorial: Latest computational techniques for big data era bioinformatics problems.* Curr Genomics, 2017, **18**(4):305.

[9] Benson D A, et al. *GeneBank.* Nucleic Acids Res, 2013, **41**(Database issue): D36-D42.

[10] Kiehl E, et al. *Genebank accession numbers of sequences of Culicoides species vectors of bluetongue virus in Germany.* Parasitol Res, 2009, **105**(1):293-295.

[11] Milner S G, et al. *Genebank genomics highlights the diversity of a global barley collection.* Nat Genet, 2019, **51**(2):319-326.

[12] Zhao Y, et al. *Large-scale study of long non-coding RNA functions based on structure and expression features.* Science China Life Sciences, 2013, **56**(10):953-959.

[13] Zhao Y, et al. *NONCODE 2016: An informative and valuable data source of long non-coding RNAs.* Nucleic Acids Res, 2016, **44**(D1): D203-D208.

[14] Fang S S, et al. *NONCODEV5: A comprehensive annotation database for long non-coding RNAs.* Nucleic Acids Res, 2018, **46**(D1):D308-D314.

[15] 朱亚南，张书文，毛有东. 冷冻电镜在分子生物物理学中的技术革命. 物理, 2017, **46**(2):76-83.

[16] Nogales E. *The development of cryo-EM into a mainstream structural biology technique.* Nature Methods, 2016, **13**(1):24-27.

[17] Fernandez-Leiro R and Scheres S H W. *Unravelling biological macromolecules with cryo-electron microscopy.* Nature, 2016, **537**(7620): 339-346.

[18] Berman H M, et al. *The protein data bank.* Nucleic Acids Res, 2000, **28**(1):235-242.

[19] Burley S K, et al. *RCSB protein data bank: biological macromolecular structures enabling research and education in fundamental biology, biomedicine, biotechnology and energy.* Nucleic Acids Res, 2019, **47**(D1):D464-D474.

[20] Chandonia J M, Fox N K and Brenner S E. *SCOPe: Classification of large macromolecular structures in the structural classification of proteins-extended database.* Nucleic Acids Res, 2018, **47**(D1):D475-D481.

[21] Dawson N L, et al. *CATH: An expanded resource to predict protein function through structure and sequence.* Nucleic Acids Res, 2017, **45**(D1): D289-D295.

[22] Kanehisa M, et al. *KEGG: New perspectives on genomes, pathways, diseases and drugs.* Nucleic Acids Res, 2017, **45**(D1):D353-D361.

[23] Wishart D S, et al. *HMDB 4.0: The human metabolome database for 2018.* Nucleic Acids Res, 2018, **46**(D1): D608-D617.

[24] Wishart D S, et al. *DrugBank 5.0: A major update to the DrugBank database for 2018.* Nucleic Acids Res, 2018, **46**(D1): D1074-D1082.

[25] Oostenbrink C, et al. *A biomolecular force field based on the free enthalpy of hydration and solvation: The GROMOS force-field parameter sets 53A5 and 53A6.* J Comput Chem, 2004, **25**(13):1656-1676.

[26] Ponder J W and Case D A. *Force fields for protein simulations.* Adv Protein Chem, 2003, **66**:27-85.

[27] Cheatham T E and Case D A. *Twenty-five years of nucleic acid simulations.* Biopolymers, 2013, **99**(12): 969-977.

[28] Huang J, et al. *CHARMM36m: An improved force field for folded and intrinsically disordered proteins.* Nat Methods, 2017, **14**(1):71-73.

[29] Van Der Spoel D, et al. *GROMACS: Fast, flexible, and free.* J Comput Chem, 2005, **26**(16):1701-1718.

[30] Pronk S, et al. *GROMACS 4.5: A high-throughput and highly parallel open source molecular simulation toolkit.* Bioinformatics, 2013, **29**(7):845-854.

[31] Case D A, et al. *The Amber biomolecular simulation programs.* J Comput Chem, 2005, **26**(16):1668-1688.

[32] Sethi, A., et al., *Dynamical networks in tRNA:protein complexes.* Proc Natl Acad Sci U S A, 2009. **106**(16): p. 6620-6625.

[33] Black Pyrkosz A, et al. *Exit strategies for charged tRNA from GluRS.* J Mol Biol, 2010, **397**(5):1350-1371.

[34] Alexander R W, Eargle J and Luthey-Schulten Z. *Experimental and computational determination of tRNA dynamics.* FEBS Lett, 2010, **584**(2): 376-386.

[35] Yang J, et al. *The I-TASSER Suite: Protein structure and function prediction.* Nat Methods, 2015, **12**(1): 7-8.

[36] Zhao Y, et al. *Automated and fast building of three-dimensional RNA structures.* Sci Rep, 2012, **2**: 734.

[37] Wang J, et al. *3dRNAscore: A distance and torsion angle dependent evaluation function of 3D RNA structures.* Nucleic Acids Res, 2015, **43**(10): e63.

[38] Waterhouse A, et al. *SWISS-MODEL: Homology modelling of protein structures and complexes.* Nucleic Acids Res, 2018, **46**(W1):W296-W303.

[39] Bienert S, et al. *The SWISS-MODEL repository-new features and functionality.* Nucleic Acids Res, 2017, **45**(D1):D313-D319.

[40] Guex N, Peitsch M C and Schwede T. *Automated comparative protein structure modeling with SWISS-MODEL and Swiss-PdbViewer: A historical perspective.* Electrophoresis, 2009, **30 Suppl 1**:S162-S173.

[41] Benkert P, Biasini M and Schwede T. *Toward the estimation of the absolute quality of individual protein structure models.* Bioinformatics, 2011, **27**(3):343-350.

[42] Bertoni M, et al. *Modeling protein quaternary structure of homo- and hetero-oligomers beyond binary interactions by homology.* Sci Rep, 2017, **7**(1): 10480.

[43] Webb B and Sali A. *Comparative protein structure modeling using MODELLER.* Curr Protoc Protein Sci, 2016, **86**: 2.9.1-2.9.37.

[44] Marti-Renom M A, et al. *Comparative protein structure modeling of genes and genomes.* Annu Rev Biophys Biomol Struct, 2000, **29**:291-325.

[45] Fiser A, Do R K and Sali A. *Modeling of loops in protein structures.* Protein Sci, 2000, **9**(9):1753-1773.

[46] Zhang Y. *I-TASSER server for protein 3D structure prediction.* BMC Bioinformatics, 2008, **9**:40.

[47] Roy A, Kucukural A and Zhang Y. *I-TASSER: a unified platform for automated protein structure and function prediction.* Nat Protoc, 2010, **5**(4): 725-738.

[48] Rother M, et al. *ModeRNA server: an online tool for modeling RNA 3D structures.* Bioinformatics, 2011, **27**(17):2441-2442.

[49] Xu X, Zhao P and Chen S J. *Vfold: a web server for RNA structure and folding thermodynamics prediction.* PLoS One, 2014, **9**(9): e107504.

[50] Popenda M, et al. *Automated 3D structure composition for large RNAs.* Nucleic Acids Res, 2012, **40**(14):e112.

[51] Zhao Y, Gong Z and Xiao Y. *Improvements of the hierarchical approach for predicting RNA tertiary structure.* J Biomol Struct Dyn, 2011, **28**(5): 815-826.

[52] Y Zhao, J Wang, C Zeng, Y Xiao. *Evaluation of RNA secondary structure prediction for both base-pairing and topology.* Biophysics Reports, 2018, **4**(3):123-132.

[53] Boniecki M J, et al. *SimRNA: a coarse-grained method for RNA folding simulations and 3D structure prediction.* Nucleic Acids Res, 2016, **44**(7): e63.

[54] Piatkowski P, et al. *RNA 3D structure modeling by combination of template-based method ModeRNA, template-free folding with SimRNA, and refinement with QRNAS.* Methods Mol Biol, 2016, **1490**:217-235.

[55] Yesselman J D and Das R. *Modeling small noncanonical RNA motifs with the Rosetta FARFAR server.* Methods Mol Biol, 2016, **1490**:187-198.

[56] Sharma S, Ding F and Dokholyan NV. *iFoldRNA: Three-dimensional RNA structure prediction and folding.* Bioinformatics, 2008, **24**(17):1951-1952.

[57] Krokhotin A, Houlihan K and Dokholyan N V. *iFoldRNA v2: Folding RNA with constraints.* Bioinformatics, 2015, **31**(17): 2891-2893.

[58] DeSantis T Z, et al. *NAST: A multiple sequence alignment server for comparative analysis of 16S rRNA genes.* Nucleic Acids Res, 2006. **34**(Web Server issue):W394-399.

[59] Morcos F, et al. *Direct-coupling analysis of residue coevolution captures native contacts across many protein families.* Proc Natl Acad Sci U S A, 2011, **108**(49): E1293-E1301.

[60] Weinreb C, et al. *3D RNA and functional interactions from evolutionary couplings.* Cell, 2016, **165**(4): 963-975

[61] *Sponsored Collection | Precision medicine and cancer immunology in China.* 2018, **359**(6375): 598.

[62] Min S, Lee B and Yoon S. *Deep learning in bioinformatics.* Brief Bioinform, 2017, **18**(5): 851-869.

[63] Wainberg M, et al. *Deep learning in biomedicine.* Nat Biotechnol, 2018, **36**(9): 829-838.

第 2 章　生物分子网络分析

2.1　引　　言

生命体由大量的蛋白质、核酸等生物大分子以及小分子组成，这些生物分子以及之间的相互作用和化学反应通路构成了复杂的生物网络系统。网络分析方法可以描述生物分子的结构特征，解释生物分子之间的相互作用和生物学调控机理等问题。随着生物实验技术的不断发展，生物大数据在急剧增加。网络科学在转录调控、转录后调控、蛋白质相互作用、信号传导通路、代谢通路等生物复杂系统中发挥着越来越重要的作用。复杂网络研究正成为研究人员广泛关注的热点，网络分析方法也逐渐成为描述生物系统的重要工具，对揭示生物分子功能和相关的疾病及衰老等问题有重要的帮助。

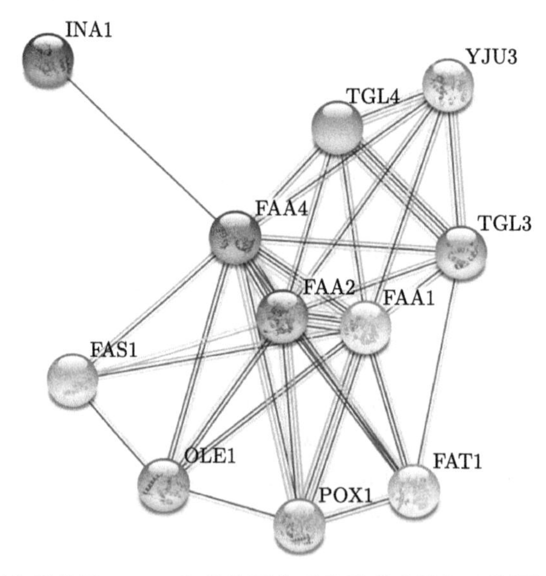

图 2.1　蛋白质分子 FAA4 和其他蛋白质分子形成的相互作用网络示意图

蛋白质–蛋白质相互作用网络是目前研究较多的生物分子网络之一。例如，STRING 是蛋白质–蛋白质相互作用网络数据库 (https://string-db.org/)，收录了 5090 多个物种，2400 多万蛋白质组成的蛋白质相互作用数据，共有超过 31 亿的蛋白质–蛋白质相互作用 [1–3]。图 2.1 为蛋白质分子 FAA4 和其他蛋白质分子形成的相互作用网络示意图。该相互作用网络有助于理解 FAA4 蛋白的生物学功能与相关的作用机理。

植物凝集素可以凝集红细胞并特异性结合碳水化合物，具有非常广泛的用途。例如，昆虫和高等动物的消化道表面有很多细胞膜糖蛋白，植物凝集素与其特异性结合会引起昆虫和高等动物的不适，从而起到保护植物的作用。植物凝集素需要形成复合物结构，从而实现生物学功能。例如，大蒜植物凝集素 (PDB code: 1KJ1) 需形成二聚体复合物才能发挥抗虫的作用，生物分子网络模型可有效识别凝集素形成二聚体复合物的关键氨基酸 (图 2.2)，帮助理解植物凝集素的复合物形成机制 [4]。

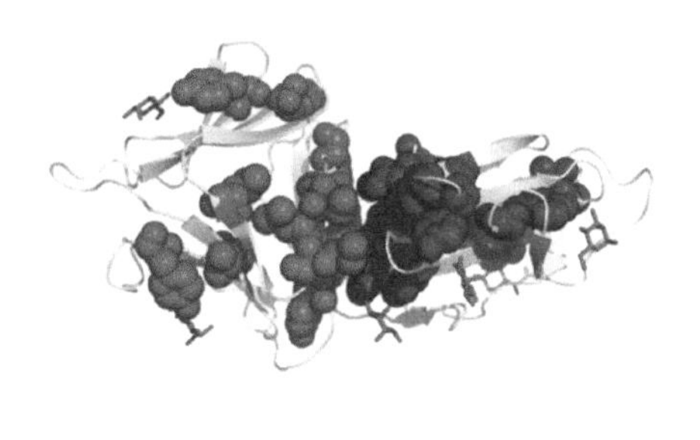

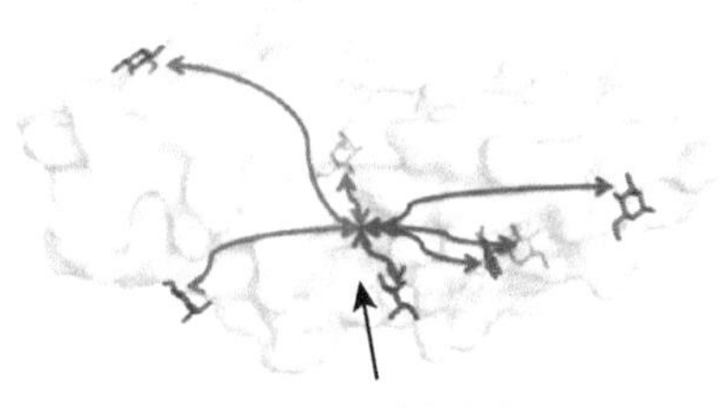

图 2.2 植物凝集素二聚体复合物网络示意图

目前生物分子的网络研究主要集中在两个方面：(1) 生物分子单体结构的网络研究，该研究主要通过生物分子的网络特征理解其结构–功能关系，解释其生物调控机理；(2) 生物分子复合物的相互作用研究，该研究主要通过生物分子间的网络特征，理解相互作用形成机理。本章将以细胞周期蛋白依赖性激酶和核酸为例，描述网络科学在结构建模、调控机理、药物设计和结合机理上的应用。

2.2 细胞周期蛋白依赖性激酶研究

蛋白激酶是催化蛋白质磷酸化过程的酶[5−7]，将高能供体分子 (如 ATP 等) 的磷酸基团转移到底物蛋白质特定残基的羟基上 (图 2.3)，从而改变蛋白质的构象和活性。蛋白质的磷酸化是生物体普遍存在的生物学过程，涉及细胞周期循环、神经递质的合成和释放、糖代谢和光合作用等大部分生理和疾病过程[8−11]。因此，蛋白激酶是重要的细胞信号传导和细胞周期调节的因子，在生物学过程中扮演着重要的角色[12−15]。

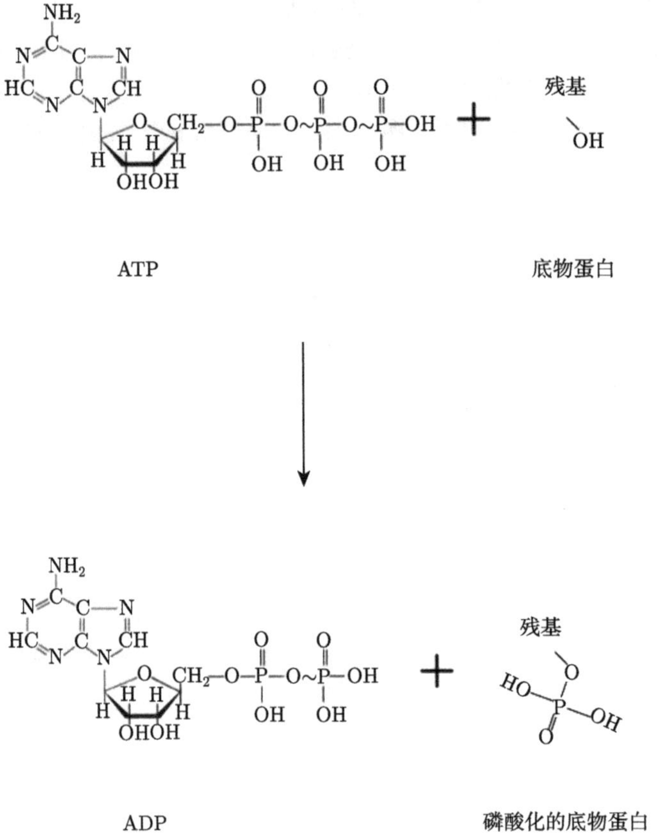

ATP 底物蛋白

ADP 磷酸化的底物蛋白

图 2.3 底物蛋白的磷酸化示意图。高能供体分子 ATP 的磷酸基团转移到底物蛋白质特定残基的羟基上

蛋白激酶在不同物种中的数目各不相同[16−21]。例如，黑腹果蝇有 200 多种激酶，人类和家鼠有 500 多种激酶，江南卷柏有 1000 多种激酶。根据磷酸化底物蛋白的氨基酸种类，可将蛋白激酶分为以下 5 类[22−26]：

(1) 丝氨酸/苏氨酸 (Ser/Thr) 蛋白激酶：蛋白质的羟基被磷酸化；

(2) 酪氨酸 (Tyr) 蛋白激酶：蛋白质的酚羟基作为受体；

(3) 组氨酸蛋白激酶：蛋白质的组氨酸、精氨酸或赖氨酸的碱性基团被磷酸化；

(4) 色氨酸蛋白激酶：以蛋白质的色氨酸残基作为受体；

(5) 天冬氨酰基/谷氨酰基蛋白激酶：以蛋白质的酰基为受体。

根据蛋白激酶的序列同源性分析，可将蛋白激酶分为 9 类，分别为 AGC、CAMK、CK1、CMGC、RGC、STE、TK、TKL 和其他类别。每类激酶，又可根据序列同源性进一步分为不同的家族。例如，AGC 组包含 PKA、PKC 和 PKG 蛋白激酶家族；CMGC 组包含 CDK、MAPK、GSK3 和 CLK 蛋白激酶家族 [17,27–30]。图 2.4 为人类激酶的进化树，包含有实验结构的 7 类蛋白激酶。

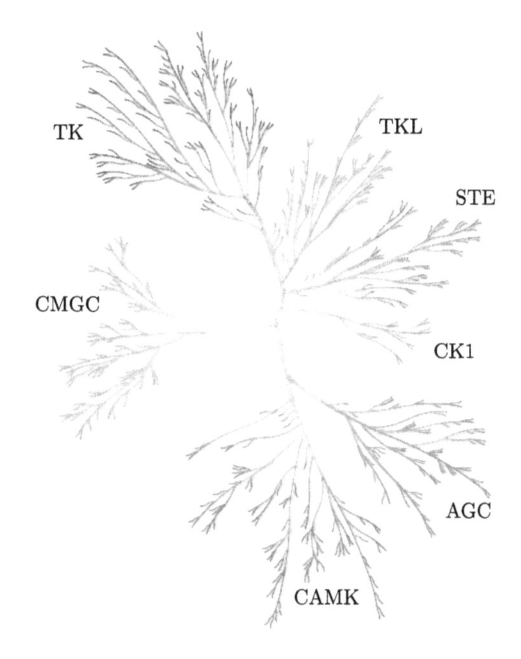

图 2.4 人类激酶进化树示意图

细胞周期蛋白依赖性激酶 (Cyclin-Dependent Kinases, CDK) 是蛋白激酶 CMGC 组的一个家族，会调控细胞周期和许多其他生物学过程 [31]。例如，CDK1、CDK2、CDK4 和 CDK6 直接参与调节细胞周期；CDK5 对大脑的正常发育至关重要；CDK7、CDK8 和 CDK9 是 RNA 聚合酶 II 转录延伸因子的一部分 [32–35]。细胞周期蛋白 (Cyclin) 与 CDK 形成的复合物结构和细胞周期密切相关，异常的蛋白活性会导致细胞增殖的失控并诱发肿瘤。因此，细胞周期依赖性激酶是目前研究较多的重要药物靶标之一 [36–40]。

CDK 主要由 C 端结构和 N 端结构组成，其中 N 端由 β 链、C-螺旋、α 螺旋构成，ATP 结合在 CDK 的两个裂片之间的深裂处 (图 2.5)。以 CDK2 为例，CDK2 单体结构中 ATP 结合位点的关键残基的侧链摆向阻碍了 ATP 的结合，且蛋白底物活性位点的结合区域被 CDK2 单体的 T-环所阻挡，影响了 CDK2 正常的功能与活性。细胞周期蛋白 Cyclin 与 CDK2 结合后，T-环区域的 L12 螺旋可以转变成 β

链，从而不阻挡蛋白底物的结合位点区域；ATP 结合位点区域的关键残基会受细胞周期蛋白的影响并调整方向，使 ATP 的磷酸根能正确定位，保证磷酸根转移反应的顺利进行。因此，阻止CDK与Cyclin形成复合物结构或阻止 ATP 结合到 CDK 的结合位点区域均会阻碍磷酸根转移反应的进行，抑制其生物学活性。

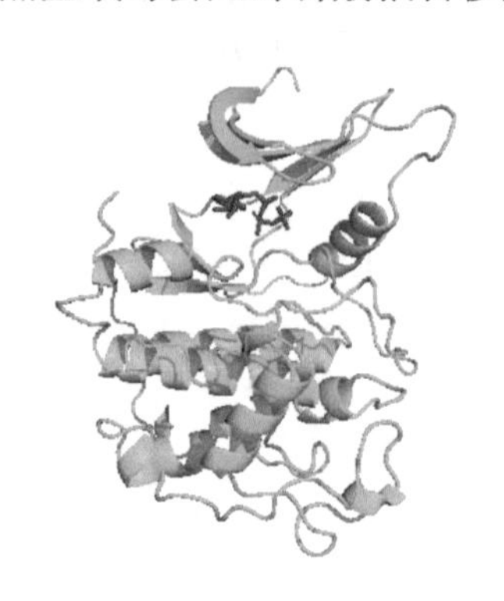

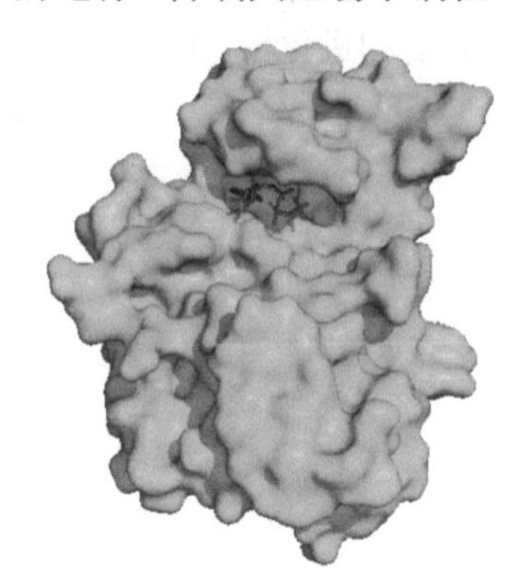

图 2.5 CDK2 结构示意图，其中红色为 ATP 分子 (PDB code: 1FIN[41])

目前，大多数激酶抑制剂都是以 ATP 结合位点区域为靶标，阻止 ATP 和激酶蛋白的结合。然而，ATP 结合区域的序列和结构在激酶蛋白家族中较为保守，该类抑制剂会同时抑制多个激酶蛋白的活性 (一般称为 PAN-CDK 抑制剂)，有较大的药物副作用。例如，黄酮吡啶醇 (flavopiridol) 是广泛使用的 CDK 抑制剂，可以阻碍 CDK1、CDK2、CDK4 和 CDK9 中 ATP 的结合，从而同时抑制 CDK1、CDK2、CDK4 和 CDK9 的生物学活性 [42–45]。临床试验表明，黄酮吡啶醇会阻碍细胞周期 G1 期和 G2 期的进程，有导致组织凋亡和器官萎缩的药物副作用。另一种药物设计策略是阻断 CDK 和 Cyclin 的结合，使 ATP 的磷酸根不能正确定位，同时底物不能正确结合 CDK，抑制其生物学功能。CDK-CyclinA-ATP 复合物结构如图 2.6 所示，CDK 和 Cyclin 的接触面处有大量的疏水相互作用，很难设计药物直接与 Cyclin 竞争并阻断 Cyclin 与 CDK 的结合。近年来的研究表明，靶向非催化口袋的小分子抑制剂可通过变构作用引起 CDK-Cyclin 接触面的结构变化，进而阻碍复合物的形成 [46–52]。Stephane 等在远离 ATP 结合位点的 C-螺旋区域设计了小分子抑制剂 ANS[53]。晶体结构实验分析表明，ANS 结合 CDK 后能使 CDK 的 C- 螺旋构象发生变化，从而使 Cyclin 无法与 CDK 蛋白结合。Giulio 等进一步用这个非催化口袋设计出更加有效的 CDK2 变构抑制剂 [54]。曾辰教授研究组根据 CDK2 蛋白 T-环下方的口袋区域设计了抑制剂，该抑制剂可以有效减弱 CDK2-Cyclin 复合物之间的相互作用，阻碍复合物的形成 [55]。Yutong 等基于 T-环下方的非催化口袋进一步研发了 CDK2 抑制剂分子 [56]。非催化口袋可作为激酶蛋白的潜在药物靶点，其序列和结构特异性，药物副作用等的相关研究仍然十分有限。

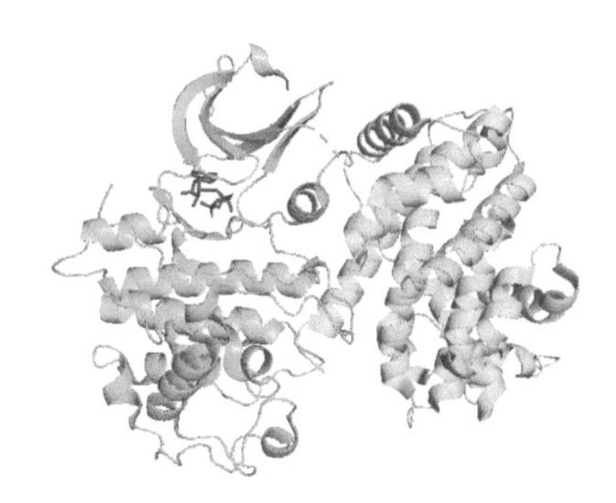

图 2.6 CDK-CyclinA-ATP 的复合物结构示意图，其中 CDK2 为绿色，CyclinA 为青色，ATP 分子为红色

2.2.1 生物分子网络模型

网络分析方法可有效捕捉和分析蛋白质分子的结构特征。为了研究细胞周期蛋白依赖性激酶结构的网络特征，本节选取了 CDK2(PDB code: 1FIN)、CDK7(PDB code: 1UA2) 和 CDK9(PDB code: 3MI9) 三个不同的 CDK 分子进行了系统的比较分析 [41,57,58]。在序列位置的差异性分析中，从 ConSurf-DB 数据库中提取了 CDK2、CDK7 和 CDK9 的同源家族蛋白序列，对相关蛋白质的同源序列进行了多序列比对和保守性分析 [59,60]。进一步，以疟原虫诱发的疟疾为例，对药物特异性进行了讨论。疟原虫 Pfmrk 蛋白没有实验结构，与人类 CDK7 蛋白为同源蛋白。因此，用蛋白质结构预测方法 I-TASSER 搭建了 Pfmrk 蛋白和相应的复合物结构 [61,62]。

分子动力学模拟可描述蛋白质分子的动态结构和相互作用等特征。细胞周期蛋白依赖性激酶研究的分子动力学模拟采用了 GROMACS 中的 G53a6 力场和 SPC 水模型，温度为 300K[63,64]。首先，分别用最陡下降和共轭梯度法对系统进行优化；然后对不同的细胞周期蛋白依赖性激酶和相关复合物进行了多条 30ns 的模拟；最后，对模拟结果中 10~30ns 的轨道结构每隔 100ps 进行采样用于构建动态网络。在构建蛋白质动态网络的过程中，定义每个残基为网络中的节点，两个残基中任意两个重原子之间的距离小于 4.5Å(模拟轨道中的概率大于 75%) 为网络的边 [4,65]。相邻序列残基的相互作用为共价键，不是长程相互作用，构建的动态网络中相邻序列残基没有边的连接。在动态网络中，两残基之间的关联性定义为

$$C_{ij} = \frac{\left(\Delta r_i(t) \cdot \Delta r_j(t)\right)}{\left(\left(\Delta r_i(t)^2\right)\left(\Delta r_j(t)^2\right)\right)^{1/2}} \tag{2-1}$$

其中，

$$\Delta r_i(t) = r_i(t) - \langle r_i(t) \rangle \tag{2-2}$$

$r_i(t)$ 是第 i 个残基的 C_α 原子的位置矢量，C_{ij} 的取值范围为 $[-1,1]$(1 为正关联，表明运动方向一致；-1 为负关联，表明运动方向相反；0 表示没有关联性)。

在动态网络模型的基础上，对 CDK-Cyclin 接触面残基与 CDK 蛋白表面口袋残基的关联性进行了系统分析。CDK-Cyclin 接触面残基的定义为：分布在 CDK 或 Cyclin 单体蛋白的表面，但不分布在 CDK-Cyclin 复合物的表面 (残基分布可用 GETAREA 计算)。CDK 蛋白表面口袋残基可用 DoGSiteScorer 识别 [66,67]。该程序可以识别给定蛋白质结构表面的所有空腔，然后计算空腔结构的体积、表面、形状等特征。

2.2.2　潜在药物口袋分析

细胞周期蛋白依赖性激酶蛋白 CDK2、CDK7 和 CDK9 表面分别有 13、9 和 15 个潜在药物结合口袋。表 2.1～ 表 2.3 详细列出了这些口袋的体积和表面积。图 2.7 为 CDK2 蛋白结构排名前 5 的潜在药物结合口袋区域：最大的口袋是 ATP 结合口袋 (红色)；第二大口袋 (蓝色) 位于 ATP 口袋的下方；第三大口袋 (黄色) 位于 T- 环下方，该结合口袋远离 ATP 结合区域，但靠近 CDK-Cyclin 复合物的接触面；其他两个口袋 (紫色和橙色) 在结构背后。通过比较 CDK2、CDK7 和 CDK9 的结构，发现 3 个 CDK 都有两个相似的口袋区域：一个是 ATP 结合口袋 (红色)，另一个是 T- 环下方的口袋 (黄色，称为 TL 口袋)。

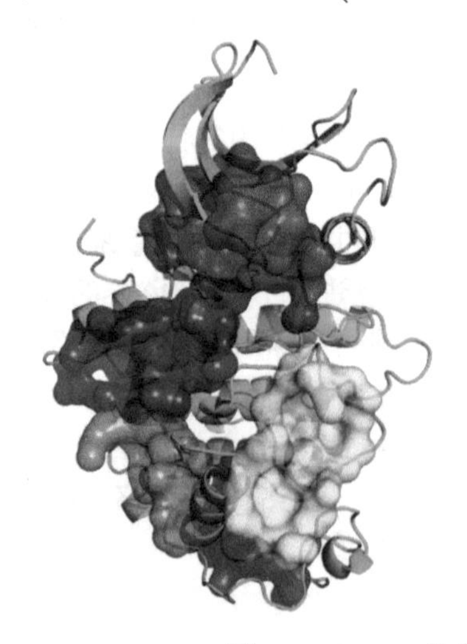

口袋	体积(Å^3)	表面积(Å^2)
红色	651.26	706.35
蓝色	443.90	754.79
黄色	330.69	593.57
紫色	215.04	395.13
橙色	210.05	318.61

图 2.7　CDK2 的主要口袋结构位置与结构特征

表 2.1 CDK2 蛋白的潜在药物结合口袋

口袋	体积/Å^3	表面积/Å^2	口袋	体积/Å^3	表面积/Å^2
1	651.26	706.35	8	168.38	445.05
2	443.90	754.79	9	154.30	362.75
3	330.69	593.57	10	111.23	262.27
4	215.04	395.13	11	109.95	243.25
5	210.05	318.61	12	104.96	161.33
6	207.04	452.21	13	104.77	243.60
7	181.82	448.15			

表 2.2 CDK7 蛋白的潜在药物结合口袋

口袋	体积/Å^3	表面积/Å^2	口袋	体积/Å^3	表面积/Å^2
1	1733.70	2171.35	6	153.79	378.47
2	337.28	488.53	7	128.77	298.85
3	233.15	393.87	8	126.46	280.29
4	204.54	334.22	9	106.30	178.14
5	182.40	310.82			

表 2.3 CDK9 蛋白的潜在药物结合口袋

口袋	体积/Å^3	表面积/Å^2	口袋	体积/Å^3	表面积/Å^2
1	831.55	1160.48	9	183.44	369.74
2	513.66	671.42	10	181.95	392.95
3	285.71	477.63	11	176.08	451.33
4	250.70	370.25	12	160.32	297.65
5	227.36	271.56	13	117.06	282.35
6	224.98	528.44	14	102.49	86.49
7	222.60	281.99	15	101.97	223.66
8	191.91	345.43			

蛋白质中结构或功能重要的残基位点在进化过程中会较为保守。因此，可以通过蛋白质序列保守性分析推断潜在药物结合口袋中重要的残基。保守性分析的计算分数为 1~9：保守残基在序列进化中基本一致 (分数为 7~9)；不保守残基在序列进化中有较大差异性 (分数为 1~3)；其他残基在序列进化中没有明显规律 (分数为 4~6)。表格 2.4~ 表 2.9 为细胞周期依赖性激酶 CDK2、CDK7 和 CDK9 中所有氨基酸的保守性计算结果。

表 2.4 CDK2 氨基酸残基保守性分析

保守性	残基
1~3	Gln5(1), Arg22(1), Lys24(1), Leu25(1), Gly27(1), Glu28(1), Val29(1), Asn59(1), Lys65(1), Leu67(1), Leu96(1), Thr97(1), Gly98(1), Leu101(1), Pro102(1), Glu224(1), Val225(1), Gly229(1), Thr231(1), Ser232(1), Pro238(1), Ser239(1), Lys242(1), Trp243(1),

续表

保守性	残基
1~3	Ala244(1), Arg245(1), Gln246(1), Asp247(1), Ser249(1), Lys250(1), Val251(1), Pro254(1), Glu257(1), Asp258(1), Ser264(1), Gln265(1), His268(1), Asn272(1), Lys278(1), Ala279(1), Ala282(1), Gln287(1), Val289(1), Lys291(1), Val293(1), Pro294(1), His295(1), Leu296(1), Leu298(1), Glu2(2), Thr39(2), Glu73(2), Ala95(2), Phe109(2), Ala140(2), Gly153(2), Tyr179(2), Arg200(2), Phe213(2), Arg217(2), Val226(2), Pro228(2), Asp235(2), Lys237(2), Phe248(2), Pro253(2), Arg260(2), Lys273(2), Pro284(2), Asp288(2), Lys6(3), Glu8(3), Pro61(3), Ser94(3), Thr137(3), Ala151(3), Val156(3), Arg157(3), Val197(3), Asp206(3), Thr218(3), Asp223(3), Tyr236(3), Phe240(3), Asp256(3), Arg297(3)
4~6	Asn3(4), Val7(4), Tyr19(4), Asp38(4), Thr41(4), Asn74(4), Lys75(4), Ala93(4), Pro100(4), Leu103(4), Ile104(4), Leu108(4), Ile104(4), Leu108(4), Ala116(4), Ser120(4), Glu138(4), Phe152(4), Thr158(4), Ile186(4), Thr198(4), Arg214(4), Val252(4), Leu255(4), Lys9(5), Val17(5), Asn23(5), Glu40(5), Gly43(5), Val44(5), Glu57(5), Ile70(5), His71(5), Thr72(5), Phe82(5), Lys88(5), Lys89(5), Asp92(5), Ile99(5), Ser106(5), Tyr107(5), Gln113(5), Leu115(5), Phe117(5), Arg122(5), Val157(5), Cys177(5), Lys178(5), Thr182(5), Ala183(5), Phe193(5), Arg199(5), Ile209(5), Leu219(5), Trp227(5), Val230(5), Pro241(5), Ser261(5), Tyr269(5), Ile275(5), Phe285(5), Thr290(5), Thr26(6), Leu37(6), Glu42(6), Ser46(6), Leu54(6), Lys56(6), Leu58(6), Leu76(6), Tyr77(6), Phe80(6), His84(6), Gln85(6), Phe90(6), Met91(6), Leu111(6), Leu112(6), Cys118(6), His121(6), Leu124(6), Ile135(6), Pro155(6), Tyr159(6), His161(6), Leu189(6), Pro204(6), Asp210(6), Leu212(6), Phe216(6), Pro234(6), Gly259(6), Leu263(6), Met266(6), Asp270(6), Ser276(6)
7~9	Met1(7), Ile10(7), Glu12(7), Lys34(7), Arg36(7), Pro45(7), Ile49(7), Ile52(7), Ser53(7), Ile63(7), Asp68(7), Val69(7), Le78(7), Leu83(7), Lys105(7), Val123(7), Asn136(7), Gly139(7), Ile141(7), Leu143(7), Ile173(7), Leu175(7), Ser181(7), Ala194(7), Met196(7), Ala201(7), Leu202(7), Ser207(7), Glu208(7), Thr221(7), Met233(7), Leu281(7), Pro292(7), Phe4(8), Thr14(8), Tyr15(8), Ala21(8), Val30(8), Leu32(8), Ile35(8), Thr47(8), Ala48(8), Val64(8), Leu66(8), Val79(8), Glu81(8), Leu87(8), Gly114(8), Leu128(8), Gln131(8), Leu133(8), Ala144(8), Glu162(8), Val164(8), Trp167(8), Ala170(8), Leu174(8), Gly176(8), Val184(8), Phe203(8), Leu262(8), Leu267(8), Pro271(8), Ala277(8), His283(8), Phe286(8), Gly11(9), Gly13(9), Gly16(9), Val18(9), Ala31(9), Lys33(9), Arg50(9), Glu51(9), Leu55(9), His60(9), Asn62(9), Asp86(9), Gln110(9), His119(9), His125(9), Arg126(9), Asp127(9), Lys129(9), Pro130(9), Asn132(9), Leu134(9), Lys142(9), Asp145(9), Phe146(9), Gly147(9), Leu148(9), Ala149(9), Arg150(9), Thr160(9), Val163(9), Thr165(9), Leu166(9), Tyr168(9), Arg169(9), Pro171(9), Glu172(9), Tyr180(9), Asp185(9), Trp187(9), Ser188(9), Gly190(9), Cys191(9), Ile192(9), Glu195(9), Gly205(9), Gln211(9), Ile215(9), Gly220(9), Pro222(9), Arg274(9)

表 2.5 CDK2 潜在药物口袋残基保守性分析

口袋	残基
1 (7.9±1.2)	Ile10(7), Glu12(7), Gly13(9), Thr14(8), Tyr15(8), Gly16(9), Val17(5), Val18(9), Ala31(9), Leu32(8), Lys33(9), Lys34(7), Ile35(8), Thr47(8), Glu51(9), Leu55(9), Ile63(7), Val64(8), Phe80(6), Glu81(8), Phe82(5), Leu83(7), His84(6), Gln85(6), Gln131(8), Asn132(9), Leu134(9), Ala144(8), Asp145(9), Phe146(9), Gly147(9), Leu148(9)
2 (5.2 ±2.8)	Leu67(8), Lys88(5), Met91(6), Asp92(5), Ser94(3), Ala95(2), Thr97(1), Gly98(1), Ile99(5), Pru100(4), Leu101(1), Ile104(4), Lys129(9), Pro130(9), Gln131(8), Thr165(9), Trp167(8), Tyr168(9), Glu195(9), Met196(7), Val197(3), Thr198(4), Arg199(5), Arg200(2), Ala201(7), Pro254(1)
3 (6.3 ±2.3)	Thr158(4), Tyr159(6), Thr160(9), Glu162(8), Val163(9), Arg169(9), Ile173(7), Leu174(8), Leu175(7), Gly176(8), Cys177(5), Tyr180(9), Glu208(7), Ile209(5), Leu212(6), Asp325(2), Lys327(2), Phe240(3)
4 (4.5 ±3.0)	Leu219(5), Gly220(9), Thr221(7), Pro222(9), Asp223(3), Val226(2), Trp243(1), Arg245(1), Ser264(1), Leu267(8), His268(1), Tyr269(5), Asp270(6)
5 (4.9 ±2.5)	Ala194(7), Glu195(9), Met198(4), Val200(2), Ala201(7), Leu202(7), Phe203(8), Pro204(6), Arg214(4), Arg217(2), Thr218(3), Val251(1), Val252(4)
6 (5.3 ± 2.5)	Leu115(5), Ala116(4), His119(9), Ser120(4), Thr182(5), Ala183(5), Ile186(4), Pro271(8), Asn272(1), Arg274(9), Ile275(5), Ser276(6), Ala277(8), Lys278(1)
7 (3.9 ±1.9)	Leu101(1), Pro102(1), Ile104(4), Lys105(7), Ser106(5), Leu108(4), Phe193(5), Val197(3), Leu255(4), Asp256(3), Gly259(6), Phe285(5), Asp288(2), Val289(1), Thr290(5), Pro292(7)
8 (5.9 ±2.7)	Ile52(7), Leu55(9), Lys56(6), Glu57(5), Leu58(6), Asn59(1), His60(9), Ile63(7), Val64(8), Lys65(1), Leu66(8), Leu67(1), Asp68(7), Val69(7)
9 (6.6 ±1.4)	Glu12(7), Tyr15(8), Gly16(9), Val17(5), Lys34(7), Ile35(8), Arg36(7), Leu37(6), Asp38(4), Glu42(6), Gly43(5), Pro45(7)
10 (2.7 ±1.8)	Phe90(6), Ala93(4), Ser94(3), Thr97(1), Gly98(1), Ile99(5), Pro100(4), Leu103(4), Val293(1), Pro294(1), His295(1), Arg297(1)
11 (5.2±2.0)	Leu124(6), Phe152(4), Val154(5), Pro155(6), Val156(3), Tyr180(9), Ser181(7), Thr182(5)
12 (6.6 ±2.3)	Glu172(9), Cys177(5), Tyr179(2), Tyr180(9), Ser181(7), Ala183(5), Val184(8), Pro271(8)
13 (6.1 ±1.8)	Met1(7), Phe4(8), Lys6(3), Tyr19(4), Leu32(8), Lys34(7), Tyr77(6)

表 2.6　CDK7 氨基酸残基保守性分析

保守性	残基
1~3	Arg30(1), Asn33(1), Leu107(1), Val108(1), Pro111(1), Glu235(1), Cys241(1), Thr248(1), Ser251(1), Phe252(1), Pro253(1), Pro256(1), His258(1), His259(1), le260(1), Asp266(1), Asp267(1), Cys281(1), Thr287(1), Lys291(1), Ser296(1), Gln306(1), Arg309(1), Asn311(1), Glu13(2), Lys32(2), Asn35(2), Gln36(2), Ile37(2), Ser70(2), Gly76(2), Leu78(2), Lys84(2), Ser106(2), Ser112(2), Met189(2), Thr223(2), Glu234(2), Gln236(2), Ser242(2), Asp245(2), Tyr246(2), Val247(2), Gly254(2), Ile255(2), Ser262(2), Ala263(2), Gly265(2), Leu269(2), Gln273(2), Gly274(2), Leu277(2), Ala282(2), Gln288(2), Asn297(2), Arg298(2), Gly300(2), Pro72(3), Leu119(3), Glu147(3), Asn148(3), Val150(3), Asp216(3), Glu227(3), Thr228(3), Asp239(3), Phe249(3), Ala264(3), Lys293(3), Thr302(3), Cys305(3)
4~6	Lys14(4), Leu15(4), Asp16(4), Gly82(4), His83(4), Ser85(4), Asn86(4), Asn105(4), Thr110(4), Glu126(4), Ser161(4), Gly163(4), Asn166(4), Ala168(4), Leu207(4), Val210(4), Arg224(4), Thr233(4), Lys250(4), Leu257(4), Pro308(4), Pro310(4), Tyr27(5), Asp31(5), Phe81(5), Lys103(5), Asp104(5), His113(5), Ile114(5), Ala116(5), Met118(5), Gln123(5), Tyr127(5), Gln130(5), Trp132(5), Phe162(5), Ser164(5), Arg188(5), Val192(5), Met196(5), Leu208(5), Leu219(5), Phe261(5), Ile284(5), Leu307(5), Phe17(6), Thr25(6), Thr34(6), Leu65(6), Gln67(6), Glu68(6), Leu69(6), Phe93(6), Glu99(6), Val100(6), Ile101(6), Leu109(6), Tyr117(6), Thr121(6), Leu125(6), Leu128(6), His131(6), Pro165(6), Arg167(6), Ala187(6), Gly193(6), Val199(6), Leu203(6), Arg209(6), Pro214(6), Asp220(6), Phe226(6), Leu229(6), Met240(6), Asp270(6), Ile272(6), Phe278(6), Thr285(6), Tyr294(6), Pro299(6), Gly304(6)
7~9	Leu18(7), Glu20(7), Lys28(7), Arg57(7), Leu60(7), Lys64(7), Ile74(7), Asp79(7), Ala80(7), Ile87(7), Ser88(7), Leu89(7), Phe91(7), Met94(7), Glu95(7), Thr96(7), Ile102(7), Lys115(7), Leu122(7), Ile133(7), Leu134(7), Leu145(7), Asp146(7), Gly149(7), Leu151(7), Tyr169(7), His171(7), Gly191(7), Leu206(7), Phe212(7), Ser217(7), Asp218(7), Leu222(7), Thr231(7), Pro238(7), Leu243(7), Pro244(7), Leu268(7), Leu275(7), Asn279(7), Leu290(7), Pro301(7), Phe23(8), Ala29(8), Ile40(8), Lys42(8), Ile43(8), Asn56(8), Thr58(8), Ala59(8), Ile63(8), Ile75(8), Leu77(8), Val90(8), Asp92(8), Leu98(8), Gly124(8), Leu138(8), Asn141(8), Leu143(8), Leu153(8), Ala154(8), Gln172(8), Trp177(8), Leu183(8), Leu184(8), Phe185(8), Gly186(8), Val194(8), Ala204(8), Pro211(8), Leu213(8), Trp237(8), Leu271(8), Phe276(8), Ala286(8), Ala289(8), Met292(8), Phe295(8), Gly19(9), Gly21(9), Gln22(9), Ala24(9), Val26(9), Val38(9), Ala39(9), Lys41(9), Arg61(9), Glu62(9), Leu66(9), His71(9), Asn73(9), Asp97(9), Met120(9), His129(9), His135(9), Arg136(9), Asp137(9), Lys139(9), Pro140(9), Asn142(9), Leu144(9), Lys152(9), Asp155(9), Phe156(9), Gly157(9), Leu158(9), Ala159(9), Lys160(9), Tpo170(9), Val173(9), Val174(9), Thr175(9), Arg176(9), Tyr178(9), Arg179(9), Ala180(9), Pro181(9), Glu182(9), Tyr190(9), Asp195(9), Trp197(9), Ala198(9), Gly200(9), Cys201(9), Ile202(9), Glu205(9), Gly215(9), Gln221(9), Ile225(9), Gly230(9), Pro232(9), Pro280(9), Arg283(9)

表 2.7 CDK7 潜在药物口袋残基保守性分析

口袋	残基
1 (6.3 ±2.4)	Leu6(5), Glu8(2), Gly9(6), Gln10(2), Phe11(5), Ala12(8), Val14(4), Ala27(5), Lys29(8), Glu38(9), Leu41(9), Ile51(5), Phe67(6), Asp68(6), Phe69(6), Met70(2), Glu71(9), Thr72(3), Asp73(9), Glu75(8), Ile78(2), Lys79(7), Asp80(7), Trp108(1), Ile109(6), Leu110(4), His111(1), Arg112(2), Asp113(5), Leu114(5), Lys115(7), Pro116(5), Asn117(6), Asn118(5), Leu120(9), Ala130(5), Asp131(6), Phe132(5), Gly133(7), Leu134(7), Lys136(9), Ser137(9), Phe138(8), Arg143(8), Ala144(9), Tyr145(7), His146(7), Gln147(3), Val148(3), Val149(7), Thr150(3), Arg151(7), Trp152(9), Tyr153(8), Arg154(8), Ala155(9), Leu158(9), Val169(7), Asp170(9), Trp172(8), Ala173(9), Cys176(9), Glu180(9), Arg184(8), Val185(8), Pro186(8), Phe187(6), Leu188(5), Pro189(2), Gln196(5), Ile200(9)
2 (4.7 ±2.9)	Thr203(6), Leu204(8), Gln211(8), Trp212(7), Gly229(6), Ile230(9), Pro231(7), Leu232(9), His233(4), Leu244(7), Asp245(2), Ile247(2), Gln248(1), Phe251(1), Leu252(1), Phe253(1), Asn254(2), Ala257(4)
3 (5.5 ± 2.5)	Glu257(9), Ala162(5), Arg163(4), Met164(5), Trp212(7), Pro213(8), Asp214(6), Met215(9), Ser217(7), Leu218(7), Pro219(5), Asn254(2), Pro255(2), Cys256(1)
4 (5.6 ± 2.4)	Pro87(7), Ser88(7), Ile90(8), Lys91(7), Leu182(9), Ala238(7), Ala239(3), Gly240(6), Asp242(2), Leu243(7), Tyr269(2), Asn272(6), Pro274(2)
5 (5.4 ±2.3)	Glu1(5), Lys2(2), Tyr15(4), Lys16(4), Ala17(6), Asp19(9), Lys20(7), Ile28(7), Lys30(1), Phe57(7), Ser64(7)
6 (3.8±2.1)	Glu102(7), His105(4), Gln106(2), Trp108(1), Ile109(6), Leu110(4), Val167(6), Thr260(1), Ala261(5), Thr262(2)
7 (6.2 ±2.4)	Phe160(9), Phe201(9), Thr206(7), Pro207(4), Thr208(5), Glu209(6), Trp212(7), Met215(9), Cys216(3), Tyr221(9), Val222(7), Thr223(2), Phe224(4)
8 (6.6 ±2.1)	Glu71(9), Thr72(3), Asp73(9), Ile77(8), Tyr93(6), Leu121(6), Asp122(7), Glu123(5), Asp124(8), Gly125(6), Gly279(7), Cys280(9), Leu282(2), Pro283(9), Arg284(5), Pro285(6)
9 (5.9 ± 2.2)	Ala92(8), Leu95(7), Met96(7), Gly125(6), Pro276(8), Thr277(2), Pro278(6), Gly279(7), Leu282(2)

表 2.8 CDK9 氨基酸残基保守性分析

保守性	残基
1~3	Glu9(1), Cys10(1), Glu15(1), Lys21(1), Glu70(1), Thr87(1), Gly97(1), Val162(1), Ser175(1), Lys178(1), Pro182(1), Asn183(1), Arg184(1), Asn232(1), Leu244(1), Thr249(1), Arg273(1), Lys274(1), Leu279(1), Val283(1), Pro286(1), Glu337(1), Tyr338(1), Pro341(1), Phe12(2), Ser17(2), Lys18(2), Glu20(2), Arg39(2), Gln43(2), Lys44(2), Lys74(2), Asn80V, Ile82(2), Val119(2), Leu123(2), Ser124(2), Gln131(2), Ala173(2), Asp205(2), Ser226(2), Ala239(2), Gln243(2), Pro250(2), Val252(2), Asn255(2), Asn258(2), Tyr262(2), Glu263(2), Lys264(2), Val275(2), Arg278(2), Asp285(2), Tyr287(2), Leu289(2), Asp293(2), Lys294(2), Val297(2), Gln302(2), Asp308(2), Asp313(2), Ser317(2), Asp318(2), Met320(2), Pro342(2), Arg37(3),

续表

保守性	残基
1~3	Lys40(3), Gly42(3), Leu118(3), Lys120(3), Asn179(3), Glu251(3), Asp257(3), Leu261(3), Leu265(3), Glu266(3), Leu267(3), Val268(3), Lys269(3), Gly270(3), Gln271(3), Lys276(3), Asp277(3), Lys280(3), Ala281(3), Tyr282(3), Ala301(3), Asp307(3), Asn311(3), Trp316(3), Asp323(3), Leu324(3), Lys325(3), Gly326(3), Met327(3), Leu328(3), Ser329(3), Thr330(3), His331(3), Leu332(3), Met335(3)
4~6	Val8(4), Leu22(4), Ala23(4), Asn54(4), Gly58(4), Arg86(4), Ser98(4), Val117(4), Thr122(4), Ile126(4), Tyr138(4), Arg159(4), Asp160(4), Phe174(4), Leu176(4), Trp223(4), Thr224(4), Leu240(4), Arg284(4), Ser322(4), Phe336(4), Ala340(4), Pro11(5), Lys24(5), Phe34(5), His38(5), Met52(5), Glu53(5), Lys56(5), Phe59(5), Ala111(5), Ser115(5), Asn116(5), Glu125(5), Arg128(5), Met130(5), Asn135(5), Arg142(5), Lys144(5), Ala177(5), Gln181(5), Arg204(5), Pro208(5), Leu212(5), Arg225(5), Gln235(5), Lys272(5), Asp290(5), Leu298(5), Thr333(5), Ser334(5), Leu339(5), Asp14(6), Val16(6), Glu32(6), Thr41(6), Leu51(6), Leu64(6), Ile69(6), Gln71(6), Leu72(6), Leu73(6), Cys85(6), Ile99(6), Leu101(6), Phe105(6), Glu107(6), His108(6), Gly112(6), Leu113(6), Phe121(6), Val129(6), Leu133(6), Leu137(6), Tyr139(6), Ile140(6), Ile157(6), Ser180(6), Asn187(6), Glu203(6), Gly207(6), Pro209(6), Ala215(6), Met219(6), Met222(6), Gln230(6), His236(6), Ser242(6), Cys245(6), Val256(6), Ile292(6), Ile304(6), Asp305(6), Phe314(6), Pro319(6), Arg344(6)
7~9	Cys13(7), Ile25(7), Gln27(7), Phe30(7), Lys35(7), Glu55(7), Glu57(7), Ile61(7), Lys68(7), Val78(7), Glu83(7), Ile84(7), Lys88(7), Tyr100(7), Phe103(7), Cys106(7), Leu114(7), Lys127(7), Leu134(7), Asn143(7), Ile145(7), Leu146(7), Thr158(7), Gly161(7), Leu163(7), Tyr185(7), Leu199(7), Leu201(7), Pro227(7), Ile228(7), Thr233(7), Glu234(7), Leu238(7), Ser247(7), Trp253(7), Pro254(7), Tyr259(7), Glu260(7), Ala288(7), Leu295(7), Asp299(7), Leu310(7), Phe315(7), Pro321(7), Arg343(7), Tyr19(8), Ala36(8), Leu47(8), Lys49(8), Val50(8), Pro60(8), Thr62(8), Ala63(8), Ile67(8), Val79(8), Leu81(8), Val102(8), Asp104(8), Gly136(8), Met150(8), Ala153(8), Val155(8), Leu165(8), Ala166(8), Arg188(8), Val190(8), Trp193(8), Pro196(8), Leu200(8), Gly202(8), Ile210(8), Cys217(8), Ala220(8), Met229(8), Leu291(8), Pro300(8), Ser306(8), Ala309(8), His312(8), Gly26(9), Gly28(9), Thr29(9), Gly31(9), Val33(9), Val45(9), Ala46(9), Lys48(9), Arg65(9), Glu66(9), Leu70(9), His75(9), Asn77(9), Asp109(9), Leu110(9), Met132(9), His141(9), His147(9), Arg148(9), Asp149(9), Lys151(9), Ala152(9), Asn154(9), Leu156(9), Lys164(9), Asp167(9), Phe168(9), Gly169(9), Leu170(9), Ala171(9), Arg172(9), Tpo186(9), Val189(9), Thr191(9), Leu192(9), Tyr194(9), Arg195(9), Pro197(9), Glu198(9), Tyr206(9), Asp211(9), Trp213(9), Gly214(9), Gly216(9), Ile218(9), Glu221(9), Gly231(9), Gln237(9), Ile241(9), Gly246(9), Ile248(9), Leu296(9), Arg303(9)

表 2.9　CDK9 潜在药物口袋残基保守性分析

口袋	残基
1 (5.6 ±2.4)	Lys17(2), Ile18(2), Val26(9), Lys28(9), Val38(5), Ala39(2), Leu40(1), Lys41(6), Glu59(5), Ile62(8), Leu63(8), Gln64(6), Leu66(9), Lys67(8),

续表

口袋	残基
1 (5.6 ±2.4)	His68(7), Glu69(6), Val71(6), Val72(6), Asn73(6), Leu74(2), Ile75(9), Glu76(3), Ile77(9), Leu86(4), Phe88(7), Asp89(1), Phe90(2), Cys91(4), Glu92(3), His93(1), Asp94(1), Gly97(3), Leu98(4), Asn101(6), Ala138(4), Asn139(6), Leu141(9), Thr143(7), Lys149(9), Ala151(9), Asp152(9), Phe153(8), Gly154(9), His315(7)
2 (6.2 ± 2.6)	Phe159(4), Ser160(4), Leu161(7), Ala162(3), Lys163(7), Gln166(8), Pro167(9), Asn168(9), Tyr170(9), Glu182(3), Glu187(6), Asp189(9), Tyr190(8), Gly191(9), Pro192(9), Pro193(8), Ile194(9), Trp237(9), Pro238(7), Asn239(2), Val240(4), Asn242(6), Tyr243(2), Asp283(3), Pro284(4), Ala285(2)
3 (5.2 ± 2.4)	Leu122(4), Tyr123(2), His126(4), Arg127(7), Phe159(4), Leu161(7), Pro192(9), Pro193(8), Leu196(8), Pro284(4), Ala285(2), Arg287(2), Ile288(7), Asp289(2), Ser290(5), Asp291(8)
4 (5.4 ± 4.2)	Glu25(7), Val26(9), Lys41(6), Lys42(1), Val43(2), Leu44(2), Pro53(5), Thr55(7), Ala56(5), Glu59(5), Ile60(8), Leu86(4), Gly154(9)
5 (4.5 ± 2.8)	Cys229(8), Gly230(6), Ser231(9), Thr233(7), Glu235(5), Val236(6), Lys253(7), Gln255(2), Lys256(6), Arg257(1), Leu280(1), Val281(1), Leu282(1), Asp283(3)
6 (5.2 ± 2.7)	Glu92(3), His93(1), Arg113(6), Met117(4), Arg144(5), Asp145(7), Gly146(7), Val147(9), Asp307(1), Leu308(2), Lys309(8), Leu312(8), His315(7)
7 (4.9 ± 2.7)	Leu99(6), Val104(8), Lys105(6), Phe106(7), Thr107(6), Leu108(6), Ile111(5), Met206(9), Trp207(6), Arg209(6), Tyr266(1), Val267(1), Arg268(1), Asp269(1)
8 (5.6 ± 2.1)	Leu95(4), Ala96(7), Leu99(6), Ser100(7), Lys136(8), Ala137(6), Ala138(4), Thr175(3), Trp177(5), Tyr178(3), Glu205(2), Arg209(6), Ser210(8), Pro211(9)
9 (5.1 ± 2.9)	Ala204(5), Thr208(5), Ser210(8), Pro211(9), Ile212(5), Met213(9), Leu228(7), Val259(7), Arg262(2), Leu263(2), Tyr266(1), Leu280(1)
10 (6.6 ± 1.6)	Arg58(4), Lys61(7), Ile62(8), Leu65(9), Ile130(5), Arg157(6), Ala158(7)
11 (6.9 ±2.1)	Ile54(4), Thr55(7), Arg58(4), Glu59(5), Arg133(6), Phe153(8), Gly154(9), Leu155(8), Ala156(9), Arg157(6), Tyr170(9), Asn171(9), Arg172(9), Val173(2), Arg188(8), Tyr190(8)
12 (4.8 ±2.6)	Lys28(9), Lys37(1), Phe90(2), Cys91(4), Glu92(3), Thr143(7), Arg144(5), Asp145(7)
13 (5.5 ± 2.8)	Ser231(9), Ile232(3), Thr233(7), Pro234(7), Tyr246(9), Glu247(7), Leu249(3), Leu251(1), Val252(2), Lys253(7)
14 (5.7 ± 2.7)	Leu176(4), Trp177(5), Tyr178(3), Arg179(1), Pro180(6), Leu184(3), Trp197(9), Cys201(7), Ile202(8), Glu205(2), Pro211(9), Ile212(5), Met213(9), Gln221(9), Ile225(5)
15 (5.7 ± 3.2)	Asn171(9), Arg172(9), Val173(2), Arg179(1), Leu183(3), Leu184(3), Gly186(9), Glu218(9), Leu245(6)

图 2.8 为 CDK 蛋白残基保守性分布图，红色为保守残基，蓝色为不保守残基，其他残基为绿色。ATP 结合口袋的大多数 β 结构 (beta strands) 显示出高度的保守性，保守的 β 片结构一般会形成 7~8 个 β 折叠结构。在 β 片下方，位于 CDK-Cyclin 复合物接触面的 α 螺旋会形成复合物间长程相互作用，与复合物结构的稳定性至关重要。因此，组成该螺旋的残基也较为保守，以确保形成稳定的相互作用使复合物结构稳定。此外，CDK 蛋白内部残基对稳定蛋白质三级结构十分重要，也较为保守。总体来说，蛋白质表面具有生物功能的 ATP 结合口袋区域和 CDK-Cyclin 接触面区域的残基有显著的保守性。另一方面，远离 CDK-Cyclin 接触面的其他表面残基保守性较差 (分数为 1~3 分)，例如位于 T-环下方的残基。

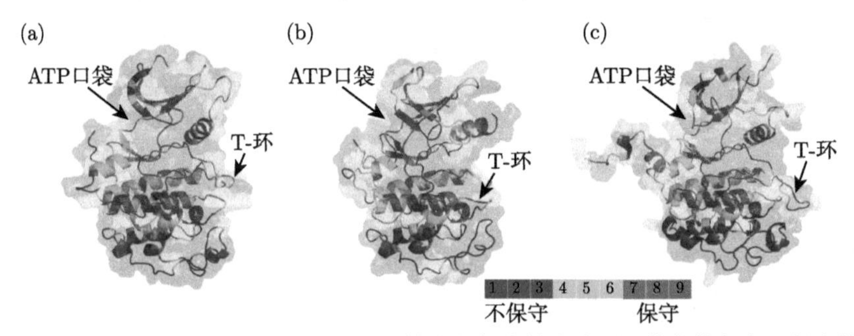

图 2.8　CDK2(a)、CDK7(b) 和 CDK9(c) 的残基保守性分布图。其中蓝色表示保守性得分为 1 到 3；绿色表示保守性得分为 4 到 6；红色表示保守性得分为 7 到 9。ATP 结合口袋和蛋白质结构中心位置为红色，保守性较强。TL 口袋保守性较差

根据 T-环下方的 TL 口袋序列和结构的特征，该研究设计了 DAALT、YAALQ、RAALG、FAALA、KAALE 和 RAALW 短肽抑制剂，利用分子动力学模拟和复杂动态网络分析对短肽阻碍 CDK-Cyclin 结合能力的效果进行了分析 [55]。结果表明，短肽抑制剂可以减弱 CDK-Cyclin 复合物之间的相互作用，从而部分破坏 CDK2-Cyclin 复合物结构，并降低其体外激酶活性。鉴于这种非催化 TL 口袋较不保守，可用于设计针对不同 CDK 的特异性抑制剂。

2.2.3　药物口袋特异性分析

CDK 蛋白 TL 结合口袋的特异性为设计针对不同 CDK 的特异性抑制剂提供了机会。疟疾是因蚊叮咬或输入带疟原虫者的血液而感染疟原虫所引起的传染病，发展中国家每年有大量的病人因疟疾死亡，为全球广泛关注的三大疾病之一 [68]。Pfmrk 蛋白为疟原虫中的关键蛋白，Pfmrk 可以调节疟原虫的细胞增殖，是一个潜在的抗疟疾药物靶标。据报道，Pfmrk 与人细胞周期蛋白 (Cyclin H) 会形成稳定的复合物，并刺激激酶的活性 [69]。人类 CDK7 与 Pfmrk 为同源蛋白，可以针对人类 CDK7 与疟原虫 Pfmrk 蛋白 TL 口袋之间的差异性，设计仅抑制

Pfmrk 生物学功能，同时保持 CDK7 生物学功能的特异性药物。因此，基于非催化 TL 口袋的抑制剂可以阻碍 Pfmrk-Cyclin H 复合物的形成，同时使宿主细胞的 CDK2-Cyclin E 复合物不受影响。

图 2.9 为 ATP 结合口袋与 TL 结构口袋的进化分析结果，左图为 ATP 结合口袋的进化差异，右图为 TL 口袋的进化差异，红色和蓝色分别为人类 CDK 和疟原虫 Pfmrk 蛋白。结果表明，CDK2 和 Pfmrk 在 ATP 结合口袋上的差异性较小，在 TL 口袋的差异性较大。

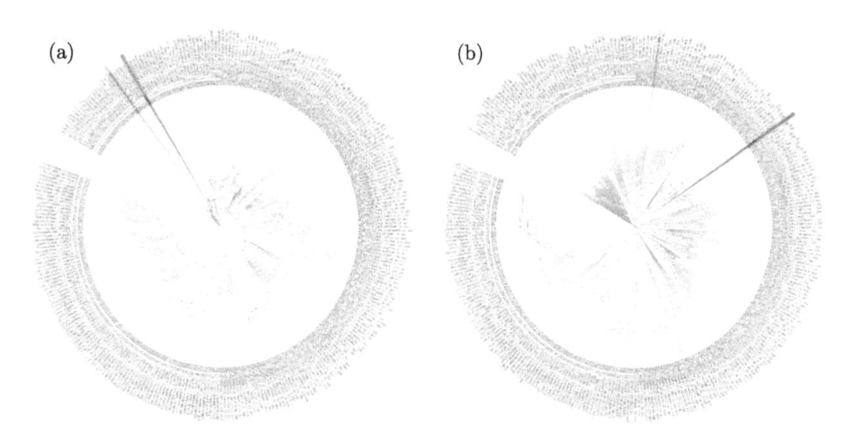

图 2.9 人类 CDK2(红色标注) 和疟原虫 Pfmrk(蓝色标注) 在 ATP 结合口袋 (a) 与 TL 口袋 (b) 区域的进化分析结果

稳定的 CDK-Cyclin 复合物结构对 CDK 激酶的活性至关重要。首先，用分子动力学模拟观察靶向 TL 口袋短肽抑制剂引起的复合物接触面运动；然后，利用接触面处不同蛋白的残基关联性量化接触面的稳定性。相关性越大表明接触面相互作用越强，复合物结构越稳定；关联性越小表示接触面相互作用越弱，复合物结构越不稳定。

研究表明，蛋白质二级结构单元内部的残基间关联性较强，运动较为一致，一般约为 0.7；相互作用较强的蛋白质二级结构单元残基间关联性为 0.5~0.6；蛋白质复合物接触面残基间关联性一般为 0.3~0.4。接触面关联性的降低与复合物结合稳定性的降低密切相关。根据 CDK2-Cyclin E 的计算结果，进一步讨论分析了相同的短肽抑制剂对疟原虫 Pfmrk-Cyclin H 复合物接触面稳定性的影响。图 2.10 为靶向 TL 口袋的短肽抑制剂引起复合物接触面关联性变化的计算结果。在没有短肽抑制剂的情况下，接触面残基的平均关联性为 0.36，短肽抑制剂 DAALT、YAALQ、RAALG、FAALA、KAALE 和 RAALW 结合 TL 口袋后，接触面残基的关联性分别

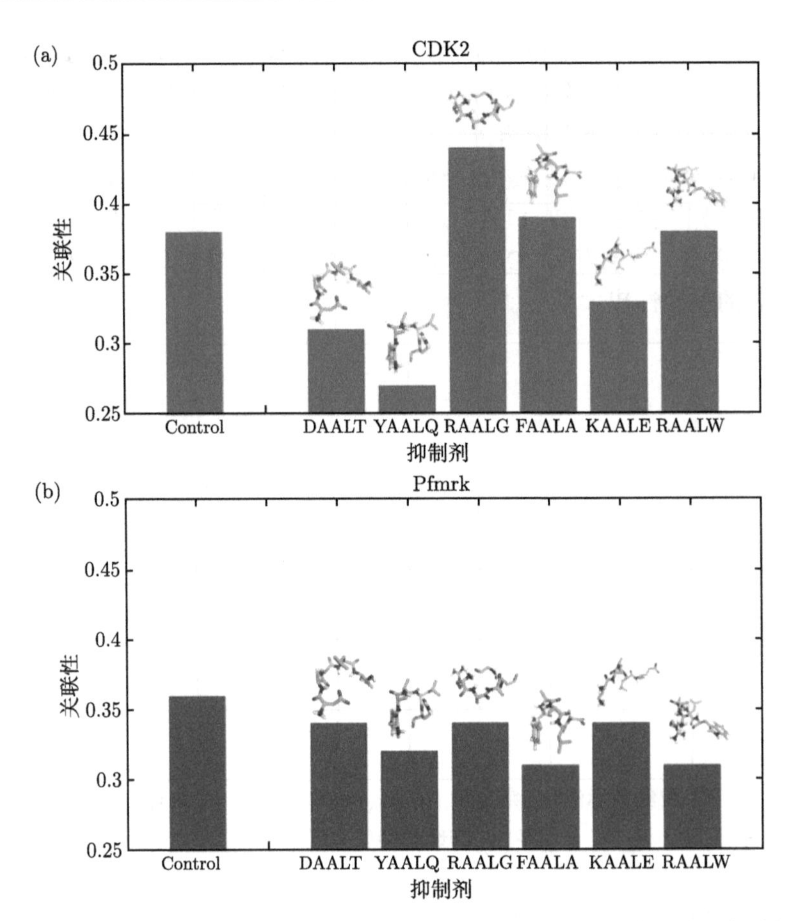

图 2.10　CDK2-Cyclin E(a) 和 Pfmrk-Cyclin H(b) 的接触面关联性分析。短肽抑制剂 DAALT 和 YAALQ 在 CDK2-Cyclin E 的模拟中关联性较低；而短肽抑制剂 FAALA 和 RAALW 在 Pfmrk-Cyclin H 的模拟中关联性较低

为 0.34、0.32、0.34、0.31、0.34、0.31。值得注意的是，短肽抑制剂 RAALG、FAALA 和 RAALW 结合 TL 口袋后，CDK2-Cyclin 的接触面关联性高于对照组，而 Pfmrk-Cyclin 的接触面关联性低于对照组。结果表明，短肽抑制剂 RAALG、FAALA 和 RAALW 可以降低 Pfmrk-Cyclin 的复合物稳定性，同时不影响 CDK2-Cyclin 复合物。短肽抑制剂 FAALA 和 RAALW 在 Pfmrk 动力学模拟中接触面关联性最低，可部分破坏 Pfmrk-Cyclin 复合物的形成，降低其激酶活性。结合 CDK2-Cyclin 复合物的模拟和实验研究结果[55]，短肽抑制剂 FAALA 和 RAALW 可能是较好的特异性抑制剂。

基于分子动力学模拟的动态网络分析方法可有效描述蛋白质的动态过程与结构特征。结合蛋白质复合物界面相互作用分析和表面结合口袋结构特征分析等其他方法，动态网络分析模型可以有效筛选影响蛋白质复合物界面稳定性的潜在靶点。通过蛋白质序列保守性分析和结构特征分析，可以进一步筛选特异性潜在药物靶点。在细胞周期蛋白依赖性激酶的模拟研究中，TL 结合口袋短肽抑制剂 FAALA 和 RAALW 会降低 Pfmrk-Cyclin 复合物的稳定性，并不影响 CDK2-Cyclin 的结构，为设计药物副作用较少的特异性药物提供了理论依据。

2.3 复合物结合靶点分析

复合物是由两个及两个以上大分子组成的结构，包括蛋白质–蛋白质复合物、蛋白质–RNA 复合物，蛋白质–DNA 复合物，蛋白质–小分子复合物、RNA-RNA 复合物，RNA–小分子复合物和更加复杂的复合物结构。复合物结构在生物生理和病理研究过程中，具有重要的作用[70−74]。例如 CsrA 蛋白–RNA 复合物，CsrA 是与多种 RNA 结合的一种蛋白质，参与大肠杆菌的糖原合成过程，当 CsrA 蛋白与 GLG 基因的 mRNA 形成复合物后，一种降解 mRNA 的核酸酶就会加快降解该 mRNA 的过程, 这时 mRNA 作为蛋白质合成模板的功能就会受到抑制 [75−78]。另外，上节所讲到的 CDK2-Cyclin 复合物会促进细胞周期循环，而且研究也表明 CDK2 只有与 Cyclin 形成复合物才能改变 CDK2 的结构，使 CDK2 具有活性，从而促进细胞周期循环 [79−82]。另外，CDK2 激活也需要 CDK2 与 ATP 小分子结合。当 CDK2 等激酶活性过强，细胞周期循环就会加速，从而导致细胞无限增殖，引发癌症、炎症等疾病。根据 CDK2-Cyclin-ATP 复合物的生物功能，以及此复合物引发癌症等疾病的病理，可以设计竞争 ATP 的 CDK2 活性抑制剂，也可设计阻断 CDK2 和 Cyclin 形成复合物的抑制剂 [83−87]。

知道一个复合物在生物生理过程中的功能，以及此复合物引发疾病的病理后，可以设计治疗这些疾病的药物。如果在设计药物之前知道复合物的结合靶点，就会促进药物的筛选和优化，从而有效提高药物的药效性、大大缩短药物设计的时间、减少药物设计所需的费用 [88−93]。例如，在设计阻断 CDK2 和 Cyclin 形成复合物的药物之前，如果知道 CDK2 和 Cyclin 的结合靶点，就可以依次突变这些结合位点，通过动力学分析，或网络分析来研究这些结合靶点对 CDK2-Cyclin 复合物形成的影响，从而识别 CDK2-Cyclin 复合物形成的关键残基，筛选与设计药物。

复杂网络模型可以描述生物分子的结构特征，并用来预测复合物的结合靶点 [94−99]。近年来，该方法在蛋白质复合物结合靶点预测中取得了较大进展。Amitai 等利用基于复杂网络的靶点预测模型在 178 个非冗余蛋白质数据集上做了详细的测试，结果表明靶点预测的成功率为 70%左右 [94]。非编码 RNA 分子参与各种生命活动。例如，核糖开关 RNA 适配体可以直接结合小分子，这种结合会导致适配体结构发生变化，从而调节编码部分的功能 [100−103]。急剧增长的 RNA 序

列 (NONCODE，www.noncode.org) [104] 和结构数据 (RCSB Protein Data Bank, www.rcsb.org)[105] 表明，RNA 具有多样化的生物学功能，与肿瘤、神经系统、心血管、发育和许多其他疾病有关 [106]。

大多数 RNA 需要与蛋白质或小分子等形成复合物，从而实现和完成生物学功能。然而，RNA 分子柔性较大，实验上较难测定 RNA 复合物的结构，高分辨率 RNA 复合物结构的缺乏严重限制了我们对 RNA 功能的理解。近五年，已有一些预测 RNA 复合物结构的方法，可以先预测 RNA 复合物结合靶点，然后利用距离约束信息构建复合物结构模型 [48−51]。目前已有的 RNA-Protein 复合物结合靶点预测的方法主要为 RNABindR[107]、BindN [108]、PiRaNhA[109]、BindUP[110] 和 SPalign [111] 等，都是从蛋白质结构上预测 RNA-Protein 复合物相互作用位点，RNA 结合位点预测的算法仍十分有限。Rsite 和 Rsite2 是基于距离信息预测 RNA 结合位点的计算方法 [112,113]，该方法先计算每个核苷酸与所有其他核苷酸之间的欧氏距离，然后将距离曲线上的极值点核苷酸作为结合位点。DeepBind 是另一种通过深度学习序列信息来预测结合位点的方法，然而该方法是针对转录因子结合位点设计，有较大的局限性 [114]。因此，准确预测 RNA 结合位点仍然是一个挑战。本小节，将尝试讨论利用复杂网络模型预测 RNA 的结合位点，并在 RNA-配体 [115] 和 RNA-Protein[116] 数据集中测试。

2.3.1 靶点预测网络模型

如图 2.11 所示，基于复杂网络模型预测 RNA 结合位点的主要步骤如下：首

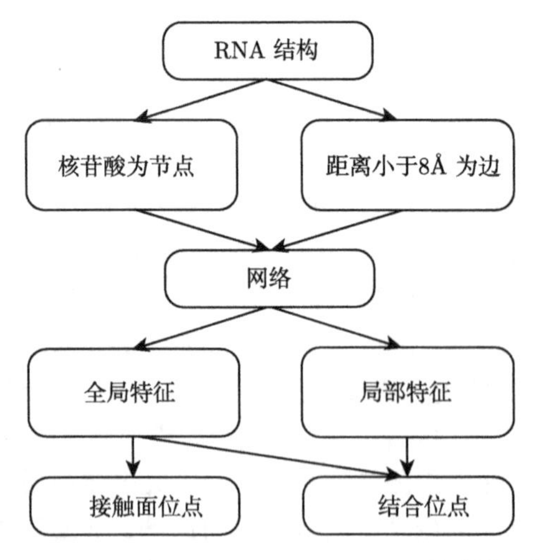

图 2.11 RNA 结合位点预测流程图：先将 RNA 三级结构转化为网络模型，然后利用全局 (closeness) 和局部 (degree) 特征识别结合位点

先，将 RNA 结构转化为网络 (图 2.12，网络由 Cytoscape 显示 [117])。网络的主要组成部分是节点和边。在生物分子结构网络中，节点通常为核苷酸或残基。该复杂网络模型的节点定义为单个核苷酸，非共价键连接的长程相互作用为边。在蛋白质复杂网络研究中，一般以残基–残基距离 6.5~8Å 为截断值定义网络中的边 [118]。与蛋白质结构不同，(1)RNA 结构中，螺旋上碱基对之间的距离为 2.6 Å；(2)RNA 三级结构相互作用的研究多数以 8Å为截断 [119,120]。因此，对于序列中两个非连续核苷酸，如果它们的一对重原子 (两个重原子分别来自两个核苷酸) 之间的距离小于 8 Å，则定义两核苷酸有边相连。例如，图 2.12 显示了 RNA 三级结构的网络，该网络中去掉了共价键连接。因此，核苷酸 1 和核苷酸 2 之间最短的距离是 2。

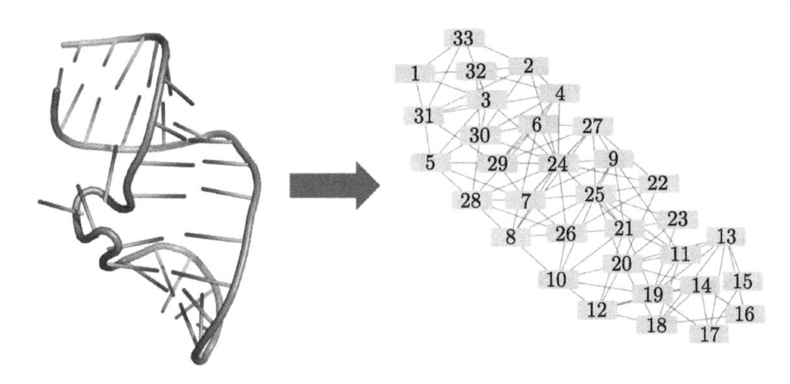

图 2.12 RNA 网络结构示意图 (PDB code: 1EHT)。网络中的节点按序列中核苷酸的索引位置进行标记，网络中不包含核苷酸之间的共价相互作用

其次，利用网络全局 (closeness) 和局部 (degree) 特征来识别和预测 RNA 结合位点。在网络构造中，如果有 n 个节点，每个节点的 closeness 定义为这个节点与其他节点 $(n-1)$ 的最短距离之和的倒数。

$$\mathrm{C}(x)=\frac{n-1}{\sum d(x,y)} \tag{2-3}$$

式中 $\sum d(x,y)$ 是节点 x 和其他节点 y 之间的最短路径 [94]，可以利用 Floyd-Warshall 算法找到所有节点对之间的最短路径。Closeness 数值较高的节点是网络枢纽节点。Degree 为节点的边数量，degree 数值较高表示局部网络连接较多。

最后，以节点的 closeness 和 degree 数值均高于相应的平均值 + 标准偏差之和为截断，预测 RNA-配体的结合位点。在 RNA-Protein 测试集中，以 closeness 截断来预测其结合位点 [4]。

RNA-配体测试集。Philips 等构建了 RNA-配体复合物的非冗余标准数据集，并进行了 RNA-配体的对接研究 [115]。本节选取了 22 个长度为 20~94 个核苷酸的

RNA-配体复合物结构，结合位点定义为距离配体 4Å的核苷酸位点。

RNA-Protein 测试集。RNA-Protein 测试集由 72 个 RNA-蛋白质复合物结构组成，其中的 RNA 长度为 20~157 个核苷酸，详见参考文献 [116]。由于需要预测未知结构的复合物，本节使用未结合蛋白质的 RNA 结构进行结合位点预测。数据集可从 http://zoulab.dalton.missouri.edu/RNAbenchmark/下载。

RNA 三级结构预测。RNA 三级结构预测可使用 3dRNA 和 RNAlomposer 等结构预测方法，本节使用 RNAComposer[121,122] 来预测 RNA 的三级结构，RNAComposer 是一个基于 RNA 序列和二级结构信息自动化搭建 RNA 三级结构的程序。对于每一个 RNA 的结构，我们使用相应的序列和二级结构，在 RNA 结构预测服务器 (http://rnacomposer.cs.put.poznan.pl) 上自动预测出所有的 RNA 三级结构。

Rsite 和 Rsite2 为目前常用的 RNA 结合位点预测方法 [113]。Rsite 和 Rsite2 主要计算了每个核苷酸与所有其他核苷酸之间的三级结构 (Rsite) 或二级结构 (Rsite2) 的距离，然后将距离曲线上极值点的核苷酸作为预测的结合位点。本节使用 Rsite 程序 (http://www.cuilab.cn/rsite) 和 Rsite2 网站 (http://www.cuilab.cn/rsite2/start) 来分析 RNA-配体和 RNA-Protein 数据。

预测正确率 (PPV) 和敏感性 (STY) 的定义如下:

$$\text{PPV} = \frac{|TP|}{|TP| + |FP|} \tag{2-4}$$

$$\text{STY} = \frac{|TP|}{|TP| + |FN|} \tag{2-5}$$

$TP(FP)$ 表示真 (假) 阳性，即预测的结合位点中真 (假) 结合位点的数量。FN 表示假阴性，即该方法不能预测出的实验结合位点的数量。因此，PPV 计算了预测的结合位点中真实结合位点的比例。STY 计算了预测出的真实结合位点和实验结合位点数量的比例。

直接耦合分析 (DCA) 分别推断碱基对相互作用、结合位点相互作用和其他相互作用之间的核苷酸–核苷酸共进化关系 [46,119,120,123−125]。参考文献 [4] 和 [123] 详细描述了 DCA，同源序列来自 Rfam[126]。

2.3.2 靶点预测网络模型测试与结果分析

RNA-配体和 RNA-Protein 的数据集测试。RNA-配体数据集包含 22 个结合小分子的 RNA，主要测试潜在药物结合位点的预测能力；RNA-Protein 数据集包含 72 个长度为 20~157 个核苷酸的 RNA，主要测试 RNA-Protein 接触面结合位点的预测准确性。

2.3.2.1 RNA-配体复合物测试集

RNA 可以结合配体实现必要的生物学功能，根据实验结构或者结合位点信息设计抑制剂阻断配体结合可以调控 RNA 的生物学功能，RNA 和配体的结合位点是潜在的药物靶点 [115]。为了测试识别潜在药物结合位点的能力，对 RNA-配体数据集进行了测试分析。

如图 2.13(a) 所示，该 RNA (PDB code: 1EHT) 由 8 个核苷酸 (U6、A7、C8、C22、U23、U24、G26 和 A28) 形成一个结合口袋。复杂网络模型成功预测出了其中的三个结合位点 (A7、C22 和 U23)，同时也错误预测了一个结合位点 (C21)，预测精度 PPV 为 0.75。双链 RNA 接吻环复合物 (PDB code: 1XPF) 参与人类免疫缺陷

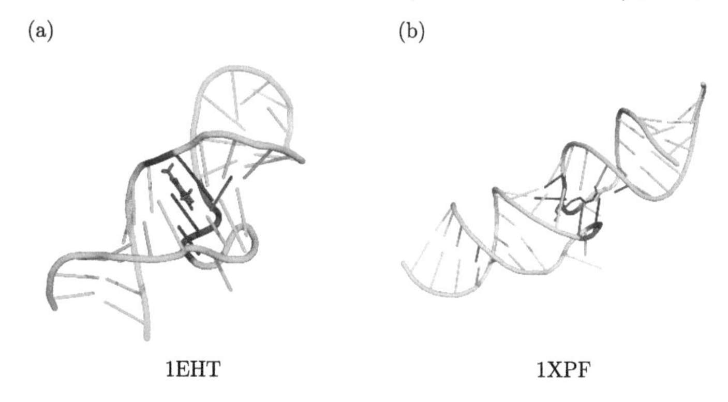

图 2.13 (a) 单链 RNA(PDB code: 1EHT) 和 (b) 双链 RNA(PDB code: 1XPF) 与配体的复合体结构。小分子用紫色表示，不同的 RNA 链分别用绿色和青色表示。预测的结合位点以蓝色 (实验结合位点) 和红色 (假阳性结合位点) 表示

病毒 1 型 (HIV-1)，根据结合位点研发的抑制剂可阻断在病毒生命周期中该 RNA 二聚体的形成。如图 2.13(b) 所示，1XPF 的晶体复合物结构表明，A 链中的三个核苷酸 (G9、G10、U11) 和 B 链中的一个核苷酸 (G10) 形成了一个口袋。网络模型成功预测了 A 链中的两个核苷酸 (G10 和 U11) 和 B 链中的一个核苷酸 (G10)，以及 B 链中的一个假阳性核苷酸 U11，预测精度 PPV 为 0.75。两个例子的假阳性结合位点都位于结合位点附近，有一定的参考意义。图 2.14 为 RNA- 配体数据集的预测结果，平均正确率为 0.82。综上所述，网络模型方法能够成功识别出 RNA 结合配体的位点。

2.3.2.2 RNA-蛋白质复合物测试集

RNA 可以结合蛋白质实现生物学功能，预测 RNA-Protein 复合物的 RNA 结合位点，对复合物结构建模和生物学机制的研究具有重要意义。为了测试识别 RNA 和蛋白质接触面结合位点的能力，本节对 RNA-Protein 数据集进行了测试分

析 [116]。

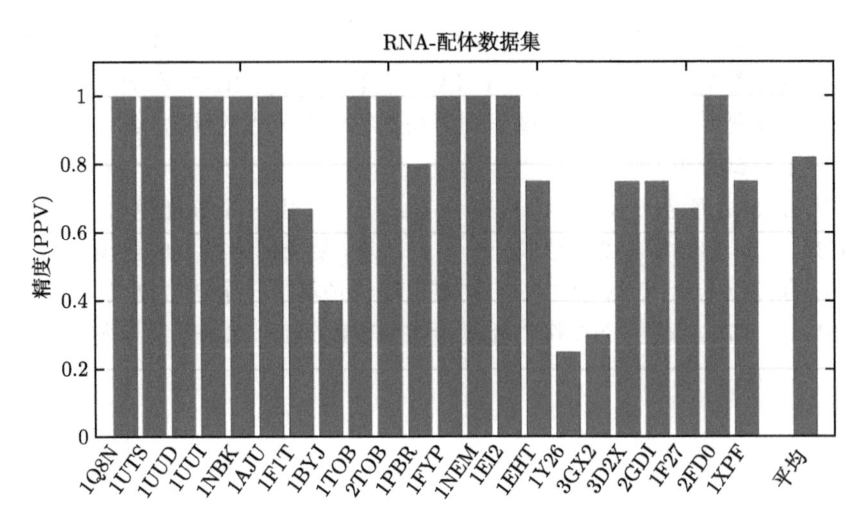

图 2.14　RNA-配体数据集的测试结果，平均预测成功率 PPV 为 0.82

tRNA(PDB code：2ZUE) 是产生新蛋白的重要翻译单元，需要与其他蛋白相互作用来完成这一生物学功能。如图 2.15 所示，网络模型成功预测了 tRNA(PDB code：2ZUE) 上的 14 个接触面结合位点 (G906、G907、U908、A909、C912、U913、A914、G915、C916、A921、G923、G924、C948 和 C949)，但有一个假阳性结合位点 (G946)，该 RNA 接触面结合位点的预测成功率 PPV 为 0.93。总体而言，RNA-Protein 数据集的平均预测精度为 0.63(图 2.16)。结果表明，当未结合蛋白质的 RNA 结构与结合蛋白质的 RNA 结构之间的构象变化较小时，预测结果较好。如果 RNA 分子形成复合物后与单体 RNA 的构象差异较大，预测精度可能会降低。

图 2.15　tRNA(PDB code：2ZUE) 结合位点预测结果。蓝色为预测正确的结合位点，红色为预测错误的结合位点

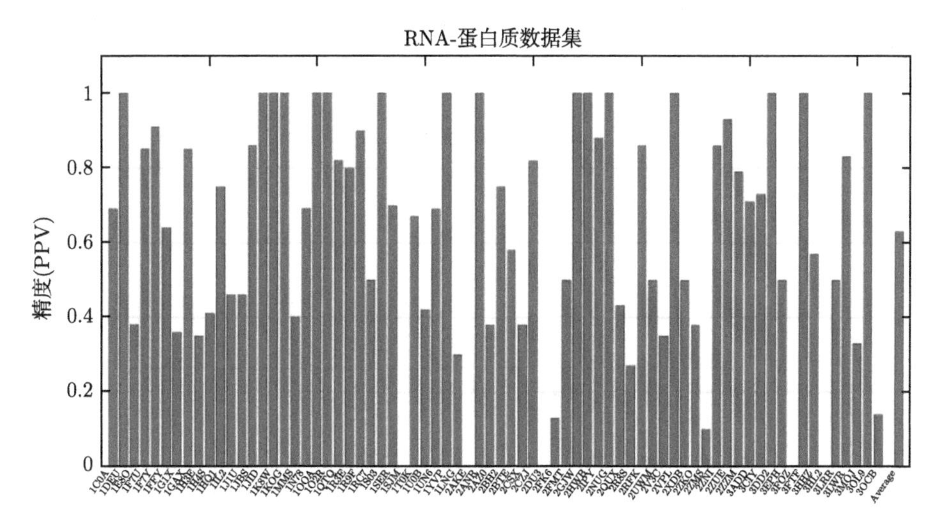

图 2.16 RNA-Protein 测试集的预测结果，平均预测精度为 0.63

2.3.3 靶点预测网络模型普适性分析

网络模型分析预测结合位点需要 RNA 的三级结构信息，它的应用主要局限于现有的实验 RNA 三级结构。近五年，RNA 三级结构建模的准确性有了显著的提高，能精确预测核苷酸数目少于 100 的 RNA 的原子水平的结构。利用 RNA 预测结构模型识别结合位点可以有效扩展网络模型结合位点预测的应用范围。

本节对 RNA-配体和 RNA-Protein 数据集中的单体 RNA 结构进行建模，有 19 个 RNA- 配体和 47 个 RNA-Protein 的 RNA 单体模型结构。图 2.17 显示了基于 RNA 预测结构模型的结合位点预测成功率 (PPV) 和 RNA 结构预测精度 (RMSD) 的分析结果。

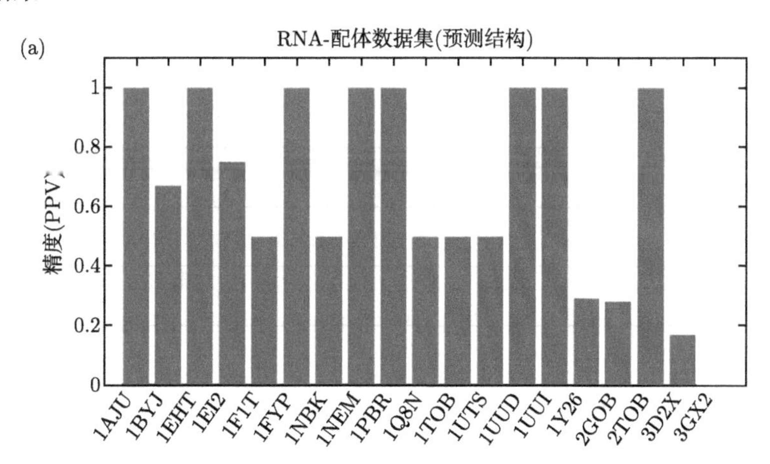

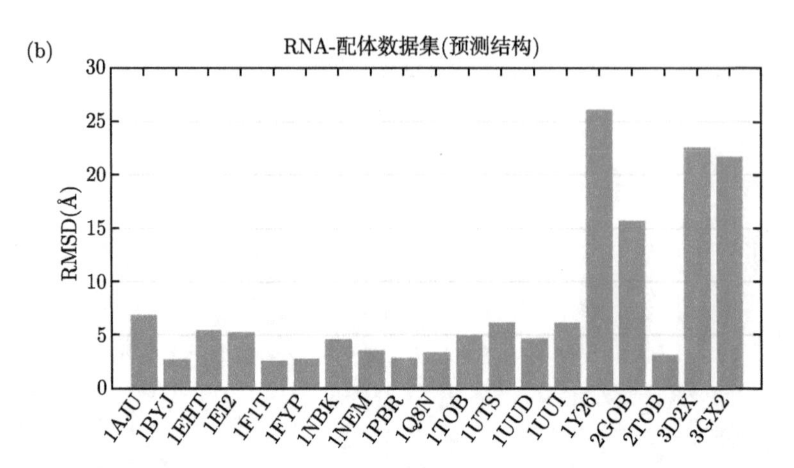

图 2.17 (a) 结合位点的预测精度与 (b)RNA 单体结构预测结果。其中 1Y26、2GDI、3D2X 和 3GX2 结合位点预测精度 PPV 小于 0.3，同时该 4 个 RNA 单体结构预测的精度较低 (RMSD> 15Å)。结合位点预测精度与 RMSD 的相关系数为 −0.73

在 RNA-配体数据集的测试中，网络模型分析方法除了 4 例 (PDB code:1Y26、2GDI、3D2X 和 3GX2)RNA 结合位点预测外，其余 19 个 RNA 的结合位点预测都能达到合理的精度 (PPV > 0.4)。该 4 例 RNA 的单体结构预测结果与实验结构有较大差异 (RMSD 值大于 15 Å)，影响了网络模型结合位点预测的精度。总体而言，基于 RNA 预测结构模型的结合位点预测平均精度为 0.67，预测精度与 RMSD 值之间存在明显的相关性，相关系数为 −0.73。RNA 结构模型越精确，结合位点的预测精度越高。在 RNA-Protein 数据集的测试中，基于 RNA 预测结构模型的结合位点预测平均精度为 0.66，也有较为理想的预测结果。

Rsite 和 Rsite2 是利用三级结构 (Rsite) 或二级结构 (Rsite2) 信息预测潜在 RNA 结合位点的计算方法 [112,113]。本节对基于 RNA 预测结构模型的结合位点预测结果与 Rsite 和 Rsite2 进行了比较。在比较过程中，仅使用了序列和预测单体结构，没有使用任何实验结构信息。

本节分别用两种截断值和 Rsite 与 Rsite2 进行了比较。(1) 截断值为平均值 + 标准偏差。在 RNA- 配体数据集中，网络模型方法 (平均 PPV=0.67) 比 Rsite (平均 PPV=0.42) 和 Rsite2 (平均 PPV=0.40) 预测更准确 (图 2.18(a))；在 RNA-Protein 数据集中，网络模型方法 (平均 PPV=0.66) 也优于 Rsite(平均 PPV=0.58) 和 Rsite2(平均 PPV=0.56)。预测敏感性 (STY) 没有较大提高 (图 2.18(b))。(2) 截断值为平均值 +0.5× 标准偏差。与 Rsite 和 Rsite2 相比，网络模型方法在 RNA-配体数据集和 RNA-Protein 数据集的测试中，PPV 和 STY 均优于 Rsite 和 Rsite2 两种方法 (图 2.18(c) 和图 2.18(d))。

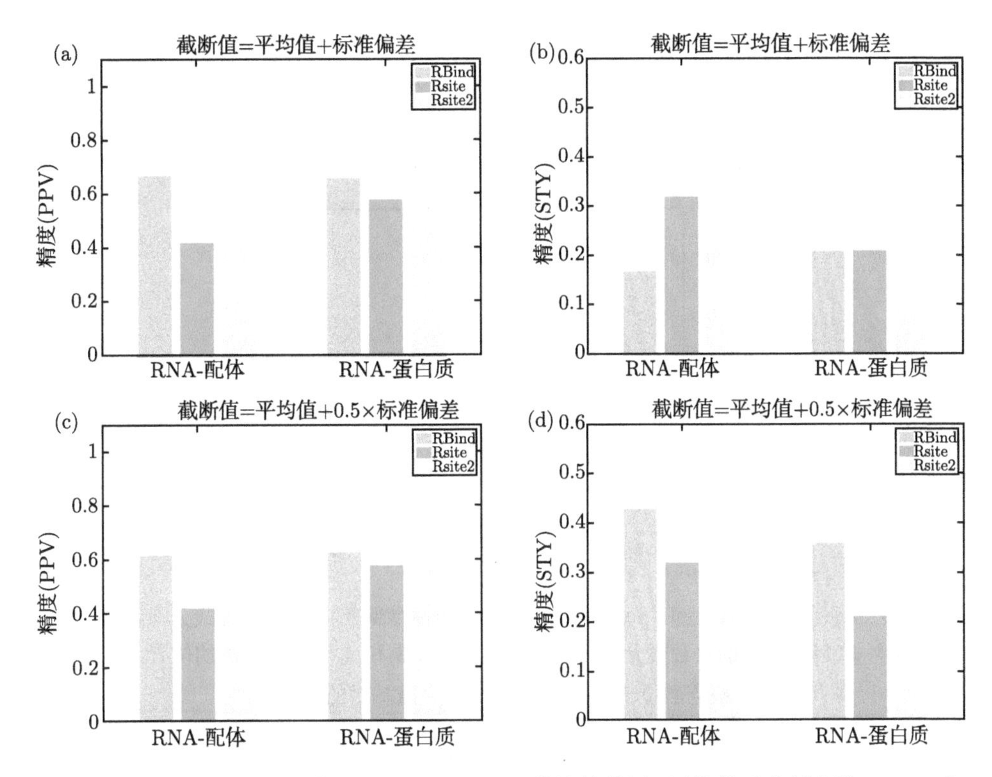

图 2.18 网络模型分析方法与 Rsite 和 Rsite2 的比较结果。网络模型分析方法、Rsite 和 Rsite2 的 PPV 和 STY 结果分别为浅紫色、绿色和浅蓝色

RNA 与配体结合过程中，配体首先识别 RNA 的结合口袋，然后结合并行使生物学功能。因此，局部和全局信息对 RNA 与配体的结合位点预测都有重要的作用。在 RNA-配体数据集中，以 degree 为 1 倍标准偏差作为截断值统计了核苷酸的位置分布，98%的核苷酸位于或靠近环状区域 (距离环状区域小于 5 个碱基对的距离)，这说明 degree 计算能够识别 RNA 结合口袋 (图 2.19)。研究表明，closeness 能够识别导致长程变构效应的关键位点 [4]。综上所述，网络模型提供了一个统一的、定量的网络框架，并且可以使用 degree、closeness 来描述 RNA 结构的结合口袋和远程变构效应。

本研究仅利用了静态网络模型，通过分子动力学模拟生成的动态网络模型可以探测构象的柔性，从而改善预测的成功率 [47,55,65]。大多数参与结合或催化口袋的核苷酸需要保守或者共同进化维持结构的稳定。直接耦合分析 (DCA) 等序列共进化方法也可以从序列进化角度分析预测结果，进一步提高预测精度 [46,119,120,123−125]。直接耦合分析对碱基对相互作用、结合位点相互作用和其他相互作用序列共进化的初步分析表明，碱基对相互作用和结合位点相互作用的核苷酸–核苷酸共进化大大高于其他相互作用 (图 2.20)。网络模型方法的主要限制是需要 RNA 三级结构信息。然而，目前用于 RNA 三级结构建模的计算方法能够合理精确地构建复杂拓扑的 RNA 结构 [49,51,121,122,127−132]，可用于基于 RNA 预测结构模型的结合位点预测分析。

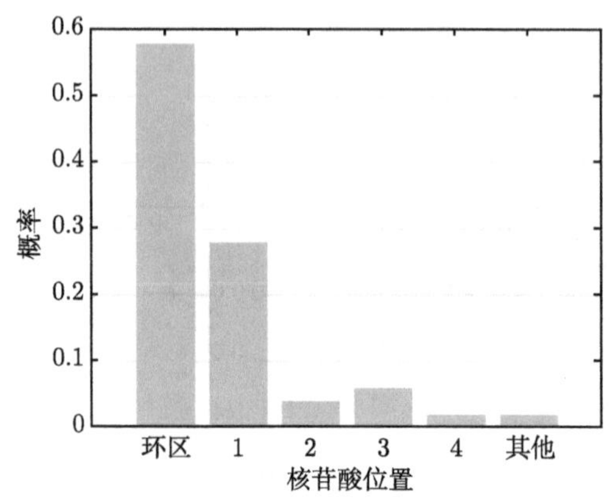

图 2.19　核苷酸的位置分布 (degree 截断值 =1 倍标准偏差)。58%核苷酸分布在环区，28%、4%、6%和 2%的核苷酸分布在距离环区 1、2、3 和 4 碱基对距离的位置上，2%的核苷酸位于距离环区大于 4 个碱基对的位置

现有的 RNA 结合位点预测方法有较多的假阳性预测位点，并且这些预测的假阳性核苷酸都远离结合位点，极大影响了分子对接模拟和理解其调控功能。网络模型方法对 RNA- 配体和 RNA-Protein 结合位点有较高的预测精度，且假阳性核苷酸通常位于催化口袋旁边的结合位点区域，对理解 RNA 结构–功能关系和相关药物设计有重要的帮助。

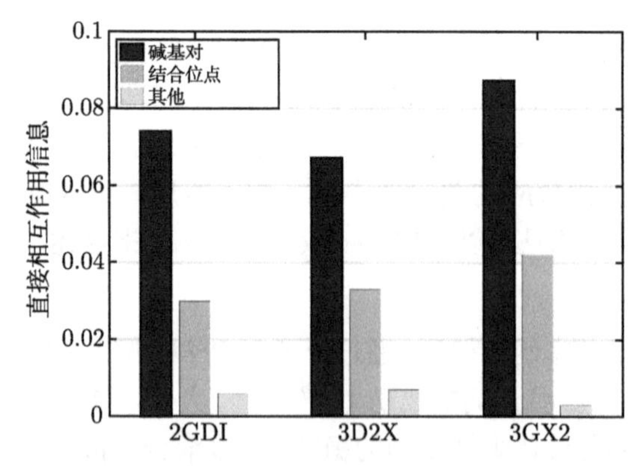

图 2.20　碱基对相互作用、结合位点相互作用和其他相互作用的核苷酸–核苷酸协同进化分析结果

2.4 小 结

根据生物分子的三维空间结构，从理论上构建其相应的网络结构对于研究生物分子的结构特征和理解其生物学功能具有极其重要的理论和实际意义。

生物分子的网络结构搭建和分析是生物分子网络研究的关键步骤。静态生物分子网络可以通过网络中心度等网络特征识别生物分子的关键节点和相互作用。在运用分子动力学模拟的生物分子动态网络模型中，该模型可以有效描述生物分子的动力学特征，通过网络特征参数判断体系不同状态的稳定性和结合机制。网络模型为生物分子调控机理、药物设计和结合机制的基础理论与应用研究提供了有用的工具。

参 考 文 献

[1] Szklarczyk D, et al. *STRING v11: Protein-protein association networks with increased coverage, supporting functional discovery in genome-wide experimental datasets.* Nucleic Acids Res, 2019, **47**(D1): D607-D613.

[2] Szklarczyk D, et al. *The STRING database in 2017: Quality-controlled protein-protein association networks, made broadly accessible.* Nucleic Acids Res, 2017, **45**(D1): D362-D368.

[3] von Mering C, et al. *STRING: A database of predicted functional associations between proteins.* Nucleic Acids Research, 2003, **31**(1): 258-261.

[4] Zhao Y, et al. *Network analysis reveals the recognition mechanism for dimer formation of bulb-type lectins.* Sci Rep, 2017, **7**(1):2876.

[5] Xu Y, et al. *PhosContext2vec: A distributed representation of residue-level sequence contexts and its application to general and kinase-specific phosphorylation site prediction.* Sci Rep, 2018, **8**(1):8240.

[6] Suo S B, et al. *PSEA: Kinase-specific prediction and analysis of human phosphorylation substrates.* Sci Rep, 2014, **4**(3):4524.

[7] Yin Y, et al. *mTORC2 promotes type I insulin-like growth factor receptor and insulin receptor activation through the tyrosine kinase activity of mTOR.* Cell Research, 2016, **26**(1): 46-65.

[8] Xu N, et al. *Cdk-mediated phosphorylation of Chk1 is required for efficient activation and full checkpoint proficiency in response to DNA damage.* Oncogene, 2012, **31**(9):1086-1094.

[9] Greengard P. *Possible role for cyclic nucleotides and phosphorylated membrane proteins in postsynaptic actions of neurotransmitters.* Nature,1976, **260**(5547):101-108.

[10] Wang L, et al. *Comparative proteomics reveals that phosphorylation of β carbonic anhydrase 1 might be important for adaptation to drought stress in brassica napus.* Sci Rep, 2016, **6**(1): 39024.

[11] Shin A Y, et al. *Evidence that phytochrome functions as a protein kinase in plant light signalling.* Nat Commun, 2016, **7**(11545):11545.

[12] Munoz L. *Non-kinase targets of protein kinase inhibitors.* Nat Rev Drug Discov, 2017, **16**(6):424-440.

[13] Han F, et al. *The critical role of AMPK in driving Akt activation under stress, tumorigenesis and drug resistance.* Nat Commun, 2018,9:4728.

[14] Petroutsos D, et al. *A blue-light photoreceptor mediates the feedback regulation of photosynthesis.* Nature,2016, **537**(7621):563-566.

[15] Tian T, et al. *Plasma membrane nanoswitches generate high-fidelity Ras signal transduction.* Nat Cell Biol, 2007, **9**(8):905-914.

[16] Manning G, Plowman G D, Hunter T and Sudarsanam S. *Evolution of protein kinase signaling from yeast to man.* Trends Biochem Sci, 2002, **27**(10): 514-520.

[17] Manning G, et al. *The protein kinase complement of the human genome.* Science, 2002, **298**(5600):1912-1934.

[18] Sean C, et al. *The mouse kinome: discovery and comparative genomics of all mouse protein kinases.* PNAS, 2004, **101**(32):11707-11712.

[19] Bradham C A, et al. *The sea urchin kinome: A first look.* Dev Biol, 2006, **300**(1):180-193.

[20] Manning G. *Genomic overview of protein kinases.* WormBook, ed., 2005, **13**:1.

[21] Manning G, et al. *The minimal kinome of Giardia lamblia illuminates early kinase evolution and unique parasite biology.* Genome Biol, 2011, **12**(7): R66.

[22] Navarro M N and Cantrell D A. *Serine-threonine kinases in TCR signaling.* Nat Immunol, 2014, **15**(9):808.

[23] Lev S, et al. *Protein tyrosine kinase PYK2 involved in Ca 2+ -induced regulation of ion channel and MAP kinase functions.* Nature,1995, **376**(6543): 737.

[24] Jacobdubuisson F, et al. *Structural insights into the signalling mechanisms of two-component systems.* Nat Rev Microbiol, 2018,**16**:585-593.

[25] Alban B, et al. *Aryl hydrocarbon receptor control of a disease tolerance defence pathway.* Nature, 2014, **511**(7508):184-190.

[26] Sperandio S, et al. *Paraptosis: Mediation by MAP kinases and inhibition by AIP-1/Alix.* Cell Death Differ, 2004, **11**(10):1066-1075.

[27] Martin D M A, Miranda-Saavedra D and Barton G J. *Kinomer v. 1.0: A database of systematically classified eukaryotic protein kinases.* Nucleic Acids Res, 2009, **37**(1):D244-D250.

[28] Miranda-Saavedra D, Barton G J. *Classification and functional annotation of eukaryotic protein kinases.* Proteins Structure Function and Bioinformatics, 2010, **68**(4):893-914.

[29] Talevich E, Tobin A B, Kannan N and Doerig C. *An evolutionary perspective on the kinome of malaria parasites.* Philosophical Transactions of the Royal Society B: Biological Sciences, 2012, **367**(1602): 2607.

[30] Piya L, et al. *Kinase mutations in human disease: Interpreting genotype-phenotype relationships.* Nat Rev Genet, 2010, **11**(1):60-74.

[31] Endicott J A and Noble M E. *Structural principles in cell-cycle control: beyond the CDKs.* Structure, 1998, **6**(5):535-541.

[32] Enserink J M and Kolodner R D. *An overview of Cdk1-controlled targets and processes.* Cell Div, 2010, **5**:11.

[33] Loog M and Morgan D O. *Cyclin specificity in the phosphorylation of cyclin-dependent kinase substrates.* Nature, 2005, **434**(7029):104-108.

[34] Paglini G and Caceres A. *The role of the Cdk5–p35 kinase in neuronal development.* Eur J Biochem, 2001, **268**(6):1528-1533.

[35] Demetrick D J, Zhang H and Beach D H. *Chromosomal mapping of human CDK2, CDK4, and CDK5 cell cycle kinase genes.* Cytogenet Cell Genet, 1994, **66**(1):72-74.

[36] Otto T and Sicinski P. *Cell cycle proteins as promising targets in cancer therapy.* Nat Rev Cancer, 2017, **17**(2):93-115.

[37] Dachineni R, et al. *Cyclin A2 and CDK2 as novel targets of aspirin and salicylic acid: A potential role in cancer prevention.* Mol Cancer Res, 2016, **14**(3):241-252.

[38] Shukla D, et al. *Activation pathway of Src kinase reveals intermediate states as targets for drug design.* Nat Commun, 2014, **5**:3397.

[39] Liu H, et al. *A chrysin derivative suppresses skin cancer growth by inhibiting cyclin-dependent kinases.* J Biol Chem, 2013, **288**(36): 25924-25937.

[40] Martin M P, et al. *A novel approach to the discovery of small-molecule ligands of CDK2.* Chembiochem, 2012, **13**(14): 2128-2136.

[41] Jeffrey P D, et al. *Mechanism of CDK activation revealed by the structure of a cyclinA-CDK2 complex.* Nature, 1995, **376**(6538): 313-320.

[42] Kaur G, et al. *Growth inhibition with reversible cell cycle arrest of carcinoma cells by flavone L86 8275.* J Natl Cancer Inst, 1992, **84**(22):1736-1740

[43] Arguello F, et al. *Flavopiridol induces apoptosis of normal lymphoid cells, causes immunosuppression, and has potent antitumor activity In vivo against human leukemia and lymphoma xenografts.* Blood, 1998, **91**(7):2482-2490.

[44] Chao S H, et al. *Flavopiridol inhibits P-TEFb and blocks HIV-1 replication.* J Biol Chem, 2000, **275**(37): 28345-28348.

[45] Lanasa M C, et al. *Final results of EFC6663: A multicenter, international, phase 2 study of alvocidib for patients with fludarabine-refractory chronic lymphocytic leukemia.*

Leuk Res, 2015, **39**(5):495-500.

[46] Xing S, et al. *Tcf1 and Lef1 transcription factors establish CD8(+) T cell identity through intrinsic HDAC activity.* Nat Immunol, 2016, **17**(6): 695-703.

[47] Zhao Y J, Zeng C and Massiah M A. *Molecular Dynamics Simulation Reveals Insights into the Mechanism of Unfolding by the A130T/V Mutations within the MID1 Zinc-Binding Bbox1 Domain.* Plos One, 2015, **10**(4): e0124377.

[48] Zhao Y, et al. *A new role for STAT3 as a regulator of chromatin topology.* Transcription, 2013, **4**(5): 227-231.

[49] Zhao Y, et al. *Automated and fast building of three-dimensional RNA structures.* Sci Rep, 2012, **2**:734.

[50] Zhao Y, Gong Z and Xiao Y. *Improvements of the hierarchical approach for predicting RNA tertiary structure.* J Biomol Struct Dyn, 2011, **28**(5): 815-826.

[51] Wang J, et al. *3dRNAscore: A distance and torsion angle dependent evaluation function of 3D RNA structures.* Nucleic Acids Res, 2015, **43**(10): e63.

[52] LIU Q, *et al.*, *Design of common bean lectin inhibitor and its hemagglutination activity.* Chem J Chin Univ,, 2017, **38**(7):1185-1191.

[53] Betzi S, et al. *Discovery of a potential allosteric ligand binding site in CDK2.* ACS Chem Biol, 2011, **6**(5):492-501.

[54] Rastelli G, et al. *Structure-based discovery of the first allosteric inhibitors of cyclin-dependent kinase 2.* Cell Cycle, 2014, **13**(14): 2296-2305.

[55] Chen H, et al. *Break CDK2-Cyclin E1 interface allosterically with small peptides.* PLoS One, 2014, **9**(10):e109154.

[56] Hu Y, et al. *Discovery of novel nonpeptide allosteric inhibitors interrupting the interaction of CDK2-Cyclin A3 by virtual screening and bioassays.* Bioorg Med Chem Lett, 2015, **25**(19):4069-4073.

[57] Lolli G, et al. *The crystal structure of human CDK7 and its protein recognition properties.* Structure, 2004, **12**(11): 2067-2079.

[58] Tahirov T H, et al. *Crystal structure of HIV-1 Tat complexed with human P-TEFb.* Nature, 2010, **465**(7299):747-751.

[59] Goldenberg O, et al. *The ConSurf-DB: Pre-calculated evolutionary conservation profiles of protein structures.* Nucleic Acids Res, 2009, **37**(Database issue): D323-D327.

[60] Ashkenazy H, et al. *ConSurf 2016: An improved methodology to estimate and visualize evolutionary conservation in macromolecules.* Nucleic Acids Res, 2016, **44**(W1): W344-W350.

[61] Yang, J, et al. *The I-TASSER Suite: Protein structure and function prediction.* Nat Methods, 2015, **12**(1):7-8.

[62] Roy A, Kucukural A and Zhang Y. *I-TASSER: A unified platform for automated protein structure and function prediction.* Nat Protoc, 2010, **5**(4):725-738.

[63] Pronk S, et al. *GROMACS 4.5: A high-throughput and highly parallel open source molecular simulation toolkit.* Bioinformatics, 2013, **29**(7):845-854.

[64] Oostenbrink C, et al. *A biomolecular force field based on the free enthalpy of hydration and solvation: The GROMOS force-field parameter sets 53A5 and 53A6.* J Comput Chem, 2004, **25**(13): 1656-1676.

[65] Sethi A, et al. *Dynamical networks in tRNA:Protein complexes.* Proc Natl Acad Sci U S A, 2009, **106**(16):6620-6625.

[66] Volkamer A, et al. *Combining global and local measures for structure-based druggability predictions.* J Chem Inf Model, 2012, **52**(2): 360-372.

[67] Volkamer A, et al. *Analyzing the topology of active sites: On the prediction of pockets and subpockets.* J Chem Inf Model, 2010, **50**(11):2041-2052.

[68] Crompton P D, et al. *Malaria immunity in man and mosquito: Insights into unsolved mysteries of a deadly infectious disease.* Annu Rev Immunol, 2014, **32**:157-187.

[69] Waters N C, Woodard C L and Prigge S T. *Cyclin H activation and drug susceptibility of the Pfmrk cyclin dependent protein kinase from Plasmodium falciparum.* Mol Biochem Parasitol, 2000, **107**(1):45-55.

[70] Zanetti-Domingues L C, et al. *The architecture of EGFR's basal complexes reveals autoinhibition mechanisms in dimers and oligomers.* Nat Commun, 2018, **9**:4325.

[71] Zhou Q, et al. *The primed SNARE-complexin-synaptotagmin complex for neuronal exocytosis.* Nature, 2017, **548**(7668):420-425.

[72] Ayala R, et al. *Structure and regulation of the human INO80-nucleosome complex.* Nature, 2018, **556**(7701):391-395.

[73] He Y J, et al. *DYNLL1 binds to MRE11 to limit DNA end resection in BRCA1-deficient cells.* Nature, 2018, **563**(7732):522.

[74] Celia H, et al. *Structural insight into the role of the Ton complex in energy transduction.* Nature, 2016, **538**(7623): 60-65.

[75] Romeo T. *Global regulation by the small RNA-binding protein CsrA and the non-coding RNA molecule CsrB.* Mol Microbiol, 2010, **29**(6):1321-1330.

[76] Olivier D, et al. *Structural basis of the non-coding RNA RsmZ acting as a protein sponge.* Nature, 2014, **509**(7502):588.

[77] Ren X, et al. *Structural Insight into inhibition of CsrA-RNA interaction revealed by docking, molecular dynamics and free energy calculations.* Sci Rep, 2017, **7**(1):14934.

[78] Grant G, et al. *Adaptation of Tri-molecular fluorescence complementation allows assaying of regulatory Csr RNA-protein interactions in bacteria.* Biotechnol Bioeng, 2015, **112**(2):365-375.

[79] Lacy E R, et al. *p27 binds cyclin-CDK complexes through a sequential mechanism involving binding-induced protein folding.* Nature Structural & Molecular Biology, 2004, **11**(4):358.

[80] Stenseth N.C.J.N. *Life cycles.* Nature,1996, **382**(6589):310-311.

[81] Sagrario O, et al. *Cyclin-dependent kinase 2 is essential for meiosis but not for mitotic cell division in mice.* Nat Genet, 2003, **35**(1):25-31.

[82] Jeffrey P D, et al. *Mechanism of CDK activation revealed by the structure of a cyclinA-CDK2 complex.* Nature, 1995, **376**(6538):313-320.

[83] Koff A, et al. *Formation and activation of a cyclin E-cdk2 complex during the G1 phase of the human cell cycle.* Science, 1992, **257**(5077): 1689-1694.

[84] Zhang H, et al. *p19Skp1 and p45Skp2 are essential elements of the cyclin A-CDK2 S phase kinase.* Cell, 1995, **82**(6):915-925.

[85] Davies T G, et al. *Structure-based design of a potent purine-based cyclin-dependent kinase inhibitor.* Nat Struct Biol, 2002, **9**(10): 745-749.

[86] Nourse J, et al. *lnterleukin-2-mediated elimination of the p27Kiplcyclin-dependent kinase inhibitor prevented by rapamycin.* Nature, 1994, **372**(6506): 570-573.

[87] Brazil M. *Structure-based drug design: Reiterating the point.* Nat Rev Drug Discov, 2002, **1**(10):747-747.

[88] Zhou H X and Qin S B. *Interaction-site prediction for protein complexes: A critical assessment.* Bioinformatics, 2007, **23**(17):2203-2209.

[89] Wei Q, La D and Kihara D. *BindML/BindML+ : Detecting protein-protein interaction interface propensity from amino acid substitution patterns.* Computational Protein Design, 2017, **1529**:279-289.

[90] Pfeiffenberger E, et al. *A machine learning approach for ranking clusters of docked protein - protein complexes by pairwise cluster comparison.* 2017, **85**(3):528-543.

[91] Liu Z P, et al. *Prediction of protein-RNA binding sites by a random forest method with combined features.* Bioinformatics, 2010, **26**(13):1616-1622.

[92] Fernandez M, et al. *Prediction of dinucleotide-specific RNA-binding sites in proteins.* BMC Bioinformatics, 2011, **12**(13): 1-10.

[93] Luo J, et al. *RPI-Bind: a structure-based method for accurate identification of RNA-protein binding sites.* Sci Rep, 2017, **7**(1):614.

[94] Amitai G, et al. *Network analysis of protein structures identifies functional residues.* J Mol Biol, 2004, **344**(4):1135-1146.

[95] Thibert B, Bredesen D E and del Rio G. *Improved prediction of critical residues for protein function based on network and phylogenetic analyses.* BMC Bioinformatics, 2005, **6**: 213.

[96] Cusack M P, et al. *Efficient identification of critical residues based only on protein structure by network analysis.* PLoS One, 2007, **2**(5):e421.

[97] Chakrabarty B and Parekh N. *NAPS: Network analysis of protein structures.* Nucleic Acids Res, 2016, **44**(W1): W375-W382.

[98] Taylor N R. *Small world network strategies for studying protein structures and binding.* Comput Struct Biotechnol J, 2013, **5**: e201302006.

[99] Pons C, Glaser F and Fernandez-Recio J. *Prediction of protein-binding areas by small-world residue networks and application to docking.* BMC Bioinformatics, 2011, **12**:378.

[100] Garst A D, Edwards A L and Batey R T. *Riboswitches: structures and mechanisms.* Cold Spring Harb Perspect Biol, 2011, **3**(6): a003533.

[101] Gong Z, et al. *Role of ligand binding in structural organization of add A-riboswitch aptamer: a molecular dynamics simulation.* J Biomol Struct Dyn, 2011, **29**(2): 403-416.

[102] Gong Z, et al. *Computational study of unfolding and regulation mechanism of preQ1 riboswitches.* PLoS One, 2012, **7**(9): e45239.

[103] Gong Z, et al. *Insights into ligand binding to PreQ1 Riboswitch Aptamer from molecular dynamics simulations.* PLoS One, 2014, **9**(3):e92247.

[104] Zhao Y, et al. *NONCODE 2016: An informative and valuable data source of long non-coding RNAs.* Nucleic Acids Res, 2016, **44**(D1): D203-D208.

[105] Berman H M, et al. *The protein data bank.* Nucleic Acids Res, 2000, **28**(1):235-242.

[106] Esteller M. *Non-coding RNAs in human disease.* Nat Rev Genet, 2011, **12**(12): 861-874.

[107] Terribilini M, et al. *RNABindR: A server for analyzing and predicting RNA-binding sites in proteins.* Nucleic Acids Res, 2007, **35**(Web Server issue): W578-W584.

[108] Wang L and Brown S J. *BindN: A web-based tool for efficient prediction of DNA and RNA binding sites in amino acid sequences.* Nucleic Acids Res, 2006, **34**(Web Server issue):W243-W248.

[109] Murakami Y, et al. *PiRaNhA: A server for the computational prediction of RNA-binding residues in protein sequences.* Nucleic Acids Res, 2010, **38**(Web Server issue):W412-W416.

[110] Paz I, et al. *BindUP: A web server for non-homology-based prediction of DNA and RNA binding proteins.* Nucleic Acids Res, 2016, **44**(W1): W568-W574.

[111] Yang Y, et al. *A new size-independent score for pairwise protein structure alignment and its application to structure classification and nucleic-acid binding prediction.* Proteins, 2012, **80**(8): 2080-2088.

[112] Zeng P, et al. *Rsite: A computational method to identify the functional sites of noncoding RNAs.* Sci Rep, 2015, **5**: 9179.

[113] Zeng P and Cui Q. *Rsite2: An efficient computational method to predict the functional sites of noncoding RNAs.* Sci Rep, 2016, **6**: 19016.

[114] Alipanahi B, et al. *Predicting the sequence specificities of DNA- and RNA-binding proteins by deep learning.* Nat Biotechnol, 2015, **33**(8):831-838.

[115] Philips A, et al. *LigandRNA: computational predictor of RNA-ligand interactions.* RNA, 2013, **19**(12):1605-1616.

[116] Huang S Y and Zou X. *A nonredundant structure dataset for benchmarking protein-RNA computational docking.* J Comput Chem, 2013, **34**(4): 311-318.

[117] Shannon P, et al. *Cytoscape: A software environment for integrated models of biomolecular interaction networks.* Genome Res, 2003, **13**(11):2498-2504.

[118] Greene L H and Higman V A. *Uncovering network systems within protein structures.* Journal of Molecular Biology, 2003, **334**(4):781-791.

[119] De Leonardis E, et al. *Direct-coupling analysis of nucleotide coevolution facilitates RNA secondary and tertiary structure prediction.* Nucleic Acids Res, 2015, **43**(21):10444-10455.

[120] Weinreb C, et al. *3D RNA and functional interactions from evolutionary couplings.* Cell, 2016, **165**(4):963-975.

[121] Popenda M, et al. *Automated 3D structure composition for large RNAs.* Nucleic Acids Res, 2012, **40**(14): e112.

[122] Biesiada M, et al. *Automated RNA 3D structure prediction with RNAComposer.* Methods Mol Biol, 2016, **1490**:199-215.

[123] Morcos F, et al. *Direct-coupling analysis of residue coevolution captures native contacts across many protein families.* Proc Natl Acad Sci U S A, 2011, **108**(49): E1293-E1301.

[124] Marks D S, Hopf T A and Sander C. *Protein structure prediction from sequence variation.* Nat Biotechnol, 2012, **30**(11):1072-1080.

[125] de Juan D, Pazos F and Valencia A. *Emerging methods in protein co-evolution.* Nat Rev Genet, 2013, **14**(4):249-261.

[126] Nawrocki E P, et al. *Rfam 12.0: Updates to the RNA families database.* Nucleic Acids Res, 2015, **43**(Database issue): D130-D137.

[127] Parisien M and Major F. *The MC-Fold and MC-Sym pipeline infers RNA structure from sequence data.* Nature, 2008, **452**(7183): 51-55.

[128] Krokhotin A, Houlihan K and Dokholyan N V. *iFoldRNA v2: Folding RNA with constraints.* Bioinformatics, 2015, **31**(17): 2891-2893.

[129] Das R and Baker D. *Automated de novo prediction of native-like RNA tertiary structures.* Proc Natl Acad Sci U S A, 2007, **104**(37):14664-14669.

[130] Jonikas M A, et al. *Coarse-grained modeling of large RNA molecules with knowledge-based potentials and structural filters.* RNA, 2009, **15**(2): 189-199.

[131] Boniecki M J, et al. *SimRNA: A coarse-grained method for RNA folding simulations and 3D structure prediction.* Nucleic Acids Res, 2016, **44**(7): e63.

[132] Xu X, Zhao P and Chen S J. *Vfold: A web server for RNA structure and folding thermodynamics prediction.* PLoS One, 2014, **9**(9):e107504.

第3章　生物分子相互作用预测

3.1　引　　言

生物分子 (如蛋白质和核酸等) 是构成机体组织和器官的重要组成部分，有广泛的生理和生物学功能，很多肿瘤、神经系统和心血管系统等重大疾病的发生发展都与蛋白质和核酸的生物学调控有密切关联 [1−10]。例如，血红蛋白 (Hemoglobin, HGB) 是红细胞的主要组成部分之一，能与氧分子结合，可以运输氧和二氧化碳分子，血红蛋白的增高和降低对贫血有重要的临床意义。转运 RNA(tRNA) 由折叠成三叶草形的核苷酸链组成，tRNA 携带氨基酸进入核糖体，在 mRNA 的指导下合成蛋白质。实验表明，蛋白质和核酸均需要形成特定的空间三维结构才能实现其生物学功能，例如植物凝集素折叠成正确的结构后可以特异性结合碳水化合物与糖分子，从而富集于昆虫和高等动物的消化道表面并引起其不适，起到保护植物的作用 [11−18]。由于实验测定蛋白质和核酸分子需要耗费大量的资源，确定高精度的蛋白质和核酸分子实验结构仍然是一个挑战，亟需相关的理论预测方法帮助结构的建模和预测。

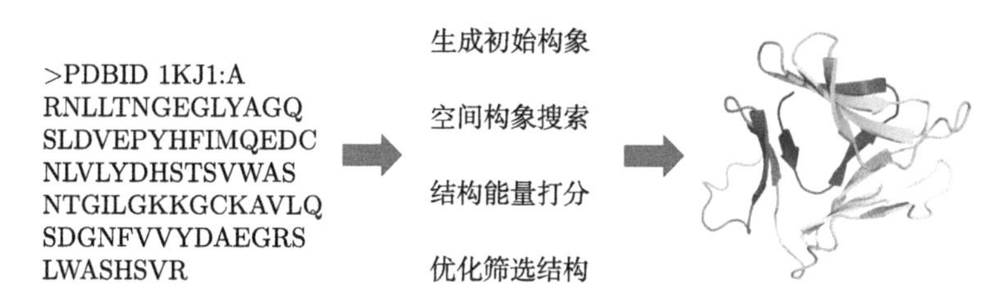

图 3.1　结构预测的一般步骤

Anfinsen 于 1973 年在 Science 上指出序列决定结构，蛋白质折叠所需的全部信息都存储于蛋白质的氨基酸序列中 [19]，蛋白质的天然态结构为分子自由能最低的折叠态。结构建模的一般步骤为：(1) 通过蛋白质的氨基酸序列建立粗粒化初始构象。对于同源蛋白，可以根据相似同源序列的蛋白质二级结构、主链二面角以及三级结构等，从 PDB 结构数据库中筛选片段结构装配初始构象。对于没有同源结构的蛋白，则一般根据能量模型随机给出一个初始构象。(2) 在初始构象基础上进行空间构象搜索。构象搜索一般在一定力场的指导下，采用适当的搜索策略改变分子构象。分子力场一般为键能、角能、二面角能、静电和范德瓦尔斯相互作用等基于物理的力场或者根据实验结构统计的经验力场。(3) 根据大量的搜索构象进行结构聚类，一般认为出现频率最高的结构更接近于天然态结构。(4) 根据粗粒化结构的 Ca 原子重建全原子结构。(5) 最后根据全原子结构模型优化空间位置冲突、非正常的氢键和主链等问题。SWISS-MODEL、Modeller、I-TASSER 和 Rosetta 等是较多使用的蛋白质结构建模方法 [20–30]。ModeRNA、Vfold、RNAComposer、3dRNA、SimRNA、Rosetta FARFAR、iFoldRNA、NAST[31–43] 等是常用的 RNA 结构建模方法。在生物分子三级结构建模中，准确的长程空间结构相互作用对优化结构预测模型有很大的帮助，对理解生物分子的折叠和结构功能有重要的作用 (图 3.2)[44,45]。因此，理论预测长程空间结构相互作用对生物分子三级结构建模和预测极其重要。

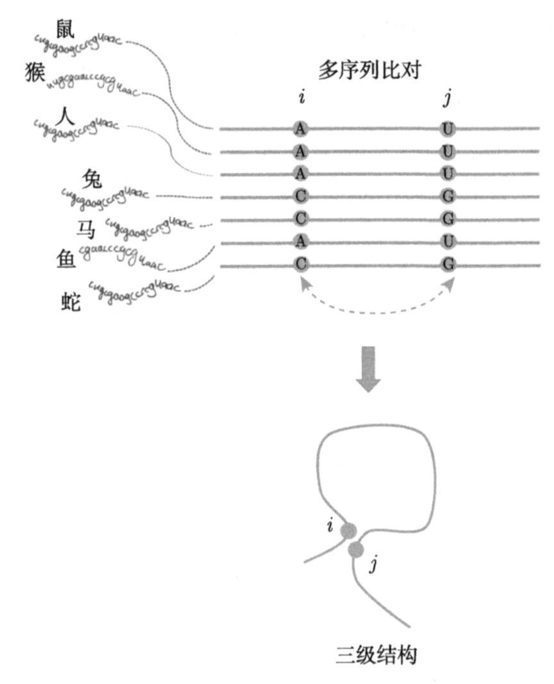

图 3.2　序列共进化关系 (上图) 与生物分子空间结构相互作用 (下图) 示意图

序列在重要的相互作用位置以共同进化的方式维持结构和功能的稳定是进化过程中的基本规律。因此，可以通过比较分析生物分子同源家族多序列比对结果推测序列的共同进化关系，从而预测长程空间结构相互作用或推测其生物学功能 [46–49]。McBASC(基于 McLachlan 替代相互关系) 是早期的蛋白质长程空间结构相互作用预测方法，该方法通过计算两列序列的线性相关来评估它们的相似性，从而推断序列之间的共同进化关系 [50]。互信息 (Mutual Information，MI) 是另一种长程空间结构相互作用预测方法，该方法通过计算多序列比对中两列序列之间的相互依赖关系推断序列之间的共同进化关系。McBASC 和互信息的预测结果有较多的间接相互作用。如图 3.3 所示，生物分子序列 i-k 与 i-j 为直接相互作用，有较强的序列共进化关系，在空间结构上的距离较近。生物分子序列 j-k 为因为 i-k、i-j 而导致的间接相互作用，序列共进化关系较弱，在空间结构上的距离较远。因此，McBASC 和互信息方法预测长程空间结构相互作用有较多的假阳性预测结果，准确率只有 10%左右 [51]。

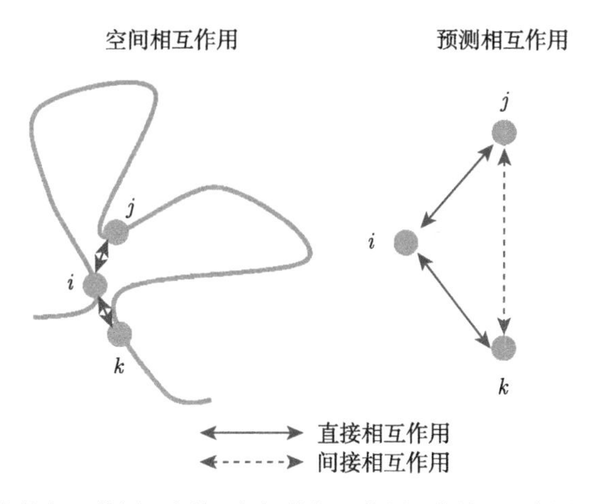

图 3.3 生物分子直接相互作用 (实线) 与间接相互作用 (虚线) 示意图。i-j 与 i-k 空间距离较近，为直接相互作用。j-k 空间距离较远，该相互作用为 i-j 和 i-k 直接相互作用导致的间接相互作用

近年来，一些基于机器学习的计算方法也可以预测长程空间结构相互作用。例如，神经网络 (Neural Network，ANN)[52]，支持向量机 (Support Vector Machine，SVM)[53] 和随机森林 (Random Forest，RF) 等基于机器学习的算法可以从多序列比对中获取其局部特征，从而推断序列之间的共进化信息。然而，这些方法与 McBASC 和互信息方法相比并没有很大的提高，长程空间结构相互作用预测精度为 20%左右 [54]。序列之间的共进化可以是两个序列位置形成，此时可能有较为明显的协同变化信息 [55]。超过两个序列位置之间形成的共进化关系，两个序列位置之间的明显协同变化可能是由这些位置和另一个或更多其他序列位置相互依赖进化的结果，很有可能是间接相互作用。因此，长程空间结构相互作用预测仍是一个难以解决的难题。

近几年，直接耦合分析 (Direct Coupling Analysis，DCA) 在理论上取得了突破，可以成功地从相互作用预测结果中筛选直接相互作用，从而提高了长程空间结构相互作用预测的准确性 [56]。Weigt 等于 2009 年提出了基于信息传递的直接耦合分析方法 (Message Passing Direct Coupling Analysis，mpDCA)，该方法需要花费较多的计算资源和时间。Morcos 等 2012 年为克服耗时的问题，提出了基于平均

场近似的直接耦合分析方法 (mean field Direct Coupling Analysis，mfDCA)，该方法利用平均场近似很好地解决了直接耦合分析耗时和计算资源的难题。Ekeberg 等于 2013 年提出了伪似然估计的直接耦合分析方法 (pseudo likelihood maximization Direct Coupling Analysis，plmDCA)，进一步提高了长程空间结构相互作用的预测精度。

3.2　相互作用预测模型

3.2.1　含有间接相互作用的预测模型

以蛋白质为例，蛋白质空间结构相互作用为残基 C_β 原子间空间距离在 8Å之内的相互作用。研究表明，蛋白质结构中空间距离较近的残基对 (距离小于 8Å) 在序列上有较强的共进化关系。因此，可以通过多序列比对推测空间距离较近的残基对。按照序列之间的间隔，可分为长程 (序列间距大于 24)、中程 (序列间距在 12 和 23 之间) 和短程 (序列间距在 6 和 11 之间) 相互作用。序列间距 <6 的残基互相作用十分密集，较为容易通过二级结构预测得出。

初始的输入数据是多序列比对矩阵 M，为 21 个字母 (20 个氨基酸，1 个插入空格) 映射的矩阵：

$$M=\left\{A_i^{(a)}\right\}, i=1,\cdots,L,\quad a=1,\cdots,m \tag{3-1}$$

其中，L 为多序列比对数据中的列数 (输入蛋白质的长度)，m 为多序列比对数据的行数 (蛋白质序列数目)。为了方便，假定序列为 $A^{(a)}$，q =21 的氨基酸被翻译到连续的数字 $1,\cdots,q$。相互作用预测结果中前 $L/10$，$L/5$ 和 $L/2$ 的准确率有较高的实用价值。

McBASC 算法可以通过计算两列残基之间的相似性来推测残基对的共进化关系 [56]。为了量化多序列比对矩阵中残基对 a,b 之间的关系，可以定义以下矩阵

$$s_{iab}=\mathrm{Sub}\left(A_i^{(a)},A_i^{(b)}\right) \tag{3-2}$$

式中 Sub 是给定的任何其他两个氨基酸残基的替代矩阵，氨基酸位置 i,j 的两个变异矩阵的相似性可以用皮尔森相关性得到

$$r_{ij}=\frac{1}{m^2}\sum_{ab}\frac{w_{ab}\left(s_{iab}-\langle s_i\rangle\right)\left(s_{jab}-\langle s_j\rangle\right)}{\sigma_i\sigma_j} \tag{3-3}$$

式中的 w_{ab} 是加权相关系数，$\sigma_i,\langle s_i\rangle$ 是标准偏差。

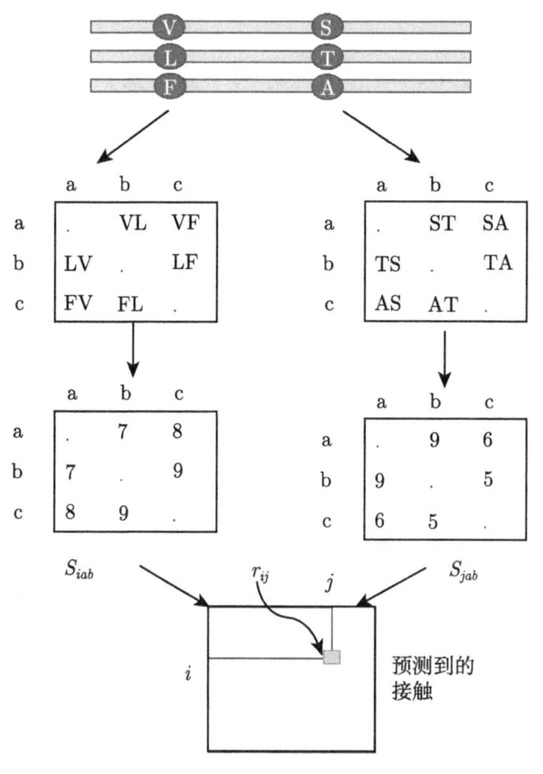

图 3.4 替代模型相关性计算示意图

McBASC 可以对多序列比对中的介入协变进行初步计算，但缺少置信度阈值和序列进化树等分析，限制了其精度的提高。近些年，Fukami-Kobayashi 等于 2002 年使用极度简约法在一个邻近相连的进化树上重建祖先的序列并考虑反向替代；Fleishman 等于 2004 年用概率法重建了进化树和考虑所有替代 [57]；Fares 等于 2006 年通过寻求待探测协变来抑制进化的差别，均没有十分明显的提高 [58]。

互信息方法通过测量多序列比对中两列序列的联合概率分布推测其共进化关系。单列和成对序列的分布概率为

$$f_i(A) = \frac{1}{m}\sum_{a=1}^{m} \delta_{A,A_i^{(a)}} \tag{3-4}$$

$$f_{ij}(A,B) = \frac{1}{m}\sum_{a=1}^{m} \delta_{A,A_i^{(a)}} \times \delta_{B,A_j^{(a)}} \tag{3-5}$$

式中 $1 \leqslant i,j \leqslant L$, $1 \leqslant A,B \leqslant q$, 其中 δ 为克罗内克函数。$f_i(A)$ 为氨基酸 A 在位置 i 的概率，$f_{ij}(A,B)$ 为氨基酸 A,B 同时出现在位置 i,j 的概率。协变矩阵

C 为

$$C_{ij}(A,B)=f_{ij}(A,B)-f_i(A)f_j(B) \tag{3-6}$$

如果序列在位置 i,j 上是互相独立的，那么联合分布概率可以因式分解，序列相关性可以用互信息表示

$$\mathrm{M}I_{ij}=\sum_{A,B}f_{ij}(A,B)\ln\frac{f_{ij}(A,B)}{f_i(A)f_j(B)} \tag{3-7}$$

如果序列在 i 和 j 位置的联合分布概率明显高于其他序列位置的组合，则互信息数值较高，表示两者在序列上有较强的关联性，空间结构中有较大概率距离较近。互信息模型在蛋白质体系的序列分析预测中已有许多成功的例子。例如，Mireille Gomes 等于 2012 年利用互信息模型在 40 个蛋白质结构的测试集中成功预测了蛋白质内部结构域之间的相互作用 (domain-domain contacts)，预测精度平均在 20% 左右 [59]。Franco L. Simonetti 等于 2013 年发展和建立了基于互信息计算方法的在线服务 MISTIC (http://mistic.leloir.org.ar)，该在线服务可帮助研究人员方便地分析序列共进化等相关问题并指导结构建模 [60]。

然而，互信息方法是基于序列位置统计独立性为前提的局部统计模型，生物分子的序列 (氨基酸或核苷酸) 在三级结构中通常会同时和多个序列位置发生相互作用，该局部统计模型的缺陷极大降低了方法的适用性与精度。例如，图 3.3 中 i, j, k 为三个序列位点，i-j 和 i-k 形成相互作用，空间距离较近。互信息的局部统计分析方法会得到 j-k 也有较强的序列关联性，为 i-j 和 i-k 相互作用导致的间接相互作用。另外，互信息的局部统计模型中联合概率分布考虑了序列位置的统计意义和关联性，较少考虑其不同序列中的特异性。因此，利用互信息模型分析序列共进化特征来预测分子空间结构相互作用的方法会得到大量的间接相互作用结果，精度较低。如何区分直接与间接相互作用仍然是目前相互作用预测研究中的瓶颈问题。

3.2.2　直接相互作用预测模型

Martin Weigt 等于 2009 年指出 “The ideal method of science is the study of the direct influence of one condition on another in experiments in which all other possible causes of variation are eliminated”，通过分析氨基酸残基协同变化的原因，将传递效应最小化，从而去除因传递效应而导致的假阳性相互作用，推断直接相互作用和共同进化。

从图 3.3 的例子中可以看出，氨基酸残基位置 i, j 和 j, k 之间形成了物理接触，此时由于链式传递效应，氨基酸残基位置 i, k 之间可以观察到存在相互作用。局部数据模型假定成对的氨基酸残基位置在数据上与其他对氨基酸残基是独立的。如果用局部数据计算这些发生在网络中的间接相互作用，则会得到相关的氨基酸

残基对。然而，在真实的蛋白质结构中，氨基酸残基可以与许多其他的氨基酸残基发生相互作用，协同的相互作用对蛋白质结构和其生物学功能十分重要。

哈佛大学教授 Debora Marks 指出，多序列比对中两列氨基酸序列之间的相关性可能是直接共进化协变或间接的传递协变。整体的数据模型方法认为氨基酸残基之间不互相独立，是互相依赖的。因此，整体的数据模型方法可以降低传递效应，得到相关性高耦合的成对氨基酸残基，有效预测空间结构中的相互作用[55]。

全局统计模型考虑多序列比对中单列氨基酸序列和成对氨基酸序列的边缘分布，分别为

$$P_i(A_i) = \sum_{\{A_k|k\neq i\}} P(A_1,\cdots,A_L) = f_i(A_i) \tag{3-8}$$

$$P_{ij}(A_i,A_j) = \sum_{\{A_k|k\neq i,j\}} P(A_1,\cdots,A_L) = f_{ij}(A_i,\cdots,A_j) \tag{3-9}$$

进一步，我们可以用基于拉格朗日乘子法的最大熵模型得到

$$P(A) = P(A_1,\cdots,A_L) = \frac{1}{Z}\exp\left\{\sum_{i<j}\Theta_{ij}(A_i,A_j) + \sum_i h_i(A_i)\right\} \tag{3-10}$$

其中 $Z = \sum_{\{A_i|i=1,\cdots,L\}} \exp\left\{\sum_{i<j}\Theta_{ij}(A_i,A_j) + \sum_i h_i(A_i)\right\}$，为配分函数，包含所有可能组合。

$$l = \frac{1}{m}\sum_{a=1}^{m}\log P\left(A^{(a)}|\Theta\right) \tag{3-11}$$

由公式可以看出，全局统计模型不仅考虑了氨基酸残基位置 i,j 之间的氨基酸协同变化情况，还考虑了氨基酸残基位置 i,j 和其他所有氨基酸位置之间的氨基酸协同变化情况，从而可以较为真实的揭示氨基酸残基位置 i,j 之间的共进化和物理相互作用。

平均场近似可以较为简单地处理复杂的模型参量 Θ(例如 $\theta_{ij}(A,B)$) 的计算问题。假定配分函数 Z，$F=\ln Z$，那么

$$\frac{\partial F}{\partial h_i(A)} = P_i(A) \tag{3-12}$$

$$\frac{\partial^2 F}{\partial h_i(A)\,\partial h_j(B)} = P_{ij}(A,B) - P_i(A)P_j(B) = C_{ij}(A,B) \tag{3-13}$$

函数 F 的勒让德变换为 $G = \sum P_i(A)h_i(A) - F$，并有如下特性：

$$\frac{\partial G}{\partial P_i(A)} = h_i(A) \tag{3-14}$$

$$\frac{\partial^2 G}{\partial P_i(A)\,\partial P_j(B)} = (C^{-1})_{ij}(A,B) \tag{3-15}$$

使 $H(\alpha) = \alpha \sum_{i<j} \theta_{ij}(A_i, A_j) + \sum_i h_i(A_i)$，若 $\alpha \to 0$，可以得到

$$G(0) = \sum_{i,A} P_i(A) \ln P_i(A) \tag{3-16}$$

$$\frac{\partial G(\alpha)}{\partial \alpha} = -\sum_{\{A_i\}} \left\{ \sum_{i<j} \theta_{ij}(A_i, A_j) \right\} \frac{\exp(H(\alpha))}{Z(\alpha)} = -\left\langle \sum_{i<j} \theta_{ij}(A_i, A_j) \right\rangle \tag{3-17}$$

在 α=0 处用泰勒展开，可以得到

$$G(\alpha) = G(0) + \left.\frac{\partial G(\alpha)}{\alpha}\right|_{\alpha=0} + O\left(\alpha^2\right) \tag{3-18}$$

$$\left.\frac{\partial G(\alpha)}{\partial \alpha}\right|_{\alpha=0} = -\sum_{i<j} \sum_{A,B} \theta_{ij}(A,B) P_i(A) P_j(B) \tag{3-19}$$

$$\left.\frac{\partial^2 G}{\partial P_i(A)\,\partial P_j(B)}\right|_{\alpha=0} = \left.(C^{-1})_{ij}(A,B)\right|_{\alpha=0} = \begin{cases} -\theta_{ij}(A,B), & i \neq j \\ \dfrac{\delta_{A,B}}{P_i(A)}, & i = j \end{cases} \tag{3-20}$$

势函数 $\theta_{ij}(A,B)$ 可以用协变矩阵 C 来计算。Morcos 等 (2011) 提议用 DI 来测量基于 $\theta_{ij}(A,B)$ 的直接耦合，如下

$$\mathrm{DI}_{ij} = \sum_{A,B} P_{ij}^{(dir)}(A,B) \ln \frac{P_{ij}^{(dir)}(A,B)}{f_i(A) f_j(B)} \tag{3-21}$$

这里 $P_{ij}^{(dir)}(A,B) = \frac{1}{Z_{ij}} \exp(\theta_{ij}(A,B) + \tilde{h}_i(A) + \tilde{h}_i(B)), Z_{ij}$ 是对于位置对 i 和 j 的正常因子，$\tilde{h}_i(A)$ 和 $\tilde{h}_i(B)$ 是新的势函数，和 A 与 B 的边缘分布概率 $f_i(A)$ 和 $f_j(B)$ 保持一致。

伪似然估计是另一种处理复杂模型参量 Θ(例如 θ_{ij} (A,B)) 的计算方法，定义如下

$$P\left(A_i | A_{\backslash A_i}\right) = \frac{1}{Z_i} \exp\left\{ \sum_{j \neq i} \theta_{ij}(A_i, A_j) + h_i(A_i) \right\} \tag{3-22}$$

其中，$Z_i = \sum_{l=1}^{q} \exp\left\{ \sum_{j \neq i} \theta_{ij}(A_i, A_j) + h_i(A_i) \right\}$ 为配分函数，$P\left(A_i | A_{\backslash A_i}\right)$ 为条件

概率，表示氨基酸残基位置 i 出为 A_i 的前提下其他变量 A 的分布情况，可以较为有效地计算 $\theta_{ij}(A,B)$。伪似然函数 pl 为

$$pl = \frac{1}{m}\sum_{a=1}^{m}\sum_{i}\log P\left(A_i|A_{\backslash A_i},\Theta\right) \tag{3-23}$$

伪似然估计模型能提高预测的准确性，但计算量较大，需要花费较多的时间，阻碍了对于较多或较长序列的多序列比较分析。

直接耦合分析 (Direct Coupling Analysis，DCA) 可以更为有效地利用序列共进化关系预测生物分子直接相互作用，尝试解决区分直接与间接相互作用的研究难题 [61]。不同于互信息等采用局部分析的方法，直接耦合分析采用全局统计分析模型，考虑不同生物序列之间相互依赖的关联性，从而尽可能减少因传递效应而导致的间接相互作用 [61−66]。直接耦合分析方法可以预测生物分子内部相互作用，从而帮助生物分子的三维结构建模。例如，哈佛大学教授 Debora Marks 等于 2012 年用直接耦合分析的方法对膜蛋白和疾病相关蛋白进行相互作用预测分析，并进一步用相互作用预测结果的距离约束信息构建蛋白质三级结构模型 [67,68]。肖奕教授研究组和曾辰教授研究组将直接耦合分析方法引入到核酸分子的三级结构预测算法 3dRNA 中。该方法首先利用直接耦合分析方法预测核酸分子内部的长程相互作用，然后在 3dRNA 的预测模型和相互作用信息的基础上利用粗粒化的模特卡罗算法对结构模型进行优化，最后将粗粒化模型还原成全原子模型并对优化结构进行评估。图 3.5 为核酸分子 (PDB code：3U4M) 的预测结果，加入相互作用信息后核酸结构的精度有明显提高。彭卫群教授研究组，曾辰教授研究组等利用直接耦合分析方法并结合分子建模与实验信息，首次发现 Tcf1 蛋白同时拥有组蛋白修饰 (HDAC) 和转录因子两个功能，并首次对 Tcf1 进行了结构建模，该多功能蛋白 Tcf1 的分子模型为设计相关免疫系统疾病药物提供了重要的理论基础 [69,70]。结果表明，直接耦合分析方法可以较为精确预测生物分子相互作用，相互作用的距离约束信息会极大减小分子建模的采样空间，对搭建拓扑信息较为复杂的生物大分子结构有很大帮助。

近两年，美国哈佛大学 Debora Marks 研究组和美国科学院院士 David Baker 研究组用直接耦合分析方法分析复合物分子两个单体序列间的序列共进化关系，从而预测复合物之间的相互作用信息，并在距离约束信息的帮助下分别用 HADDOCK 与 PatchDock 搭建了高精度的复合物结构 [45,71]。植物凝集素的相关研究表明，直接耦合分析可以帮助识别植物凝集素二聚体的结合位点。另外，对核酸分子不同碱基位置的序列共进化情况分析表明，直接耦合分析可以有效识别 RNA 的碱基配对和结合位点 (图 3.6)。

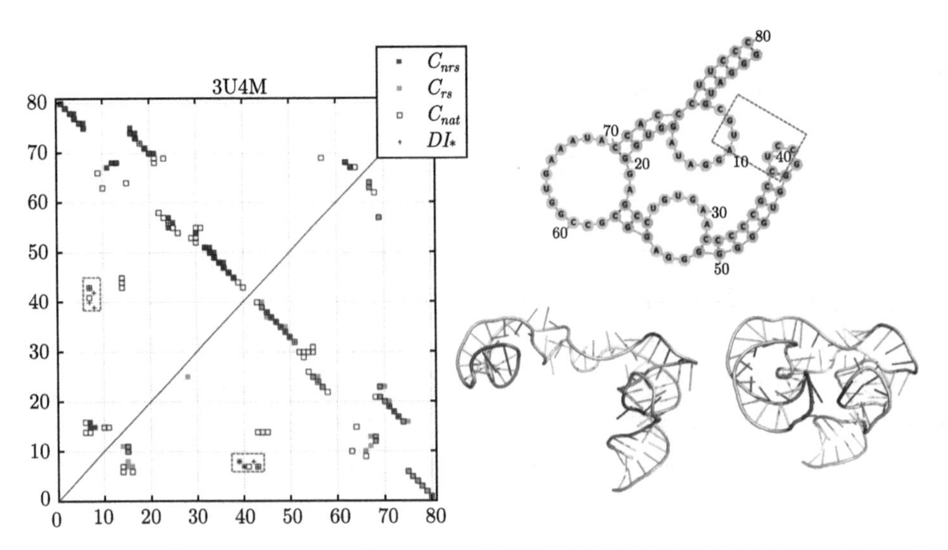

图 3.5　直接耦合分析预测长程相互作用与结构建模。左图为直接耦合分析预测的长程相互作用，右图上为核酸分子 (PDB code：3U4M) 的二级结构，右图下为没有长程相互作用约束和有长程相互作用约束时的核酸结构模型

对蛋白质和核酸体系的大量研究表明，直接耦合分析方法可以较好地利用序列共进化关系预测生物分子相互作用信息，对生物分子结构建模和相关功能研究有很大帮助。如何进一步提高直接耦合分析的准确率和计算速度是目前的瓶颈问题。

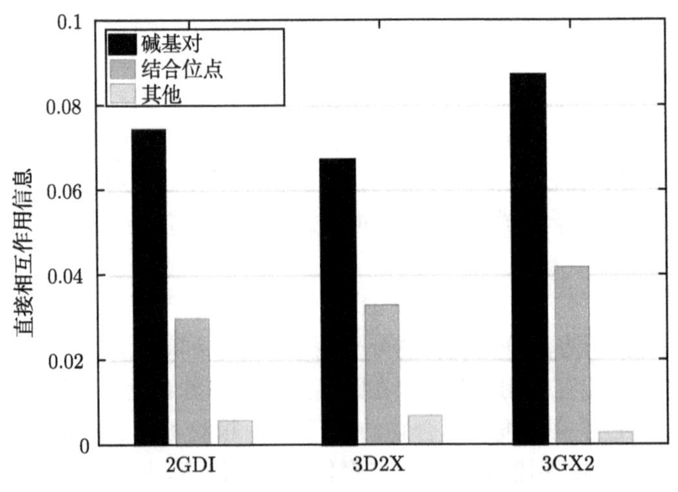

图 3.6　RNA 分子碱基配对、结合位点和其他碱基区域的序列共进化分析结果

3.3 RNA 相互作用预测研究

核糖核酸 (RNA) 是由核苷酸聚合而成的生物大分子，为细胞中最基本的组成部分之一。传统上认为 RNA 分子的主要功能是传递遗传信息和参与蛋白质的合成，近年来的研究表明大量非编码 RNA 和蛋白质一样参与细胞内的各种生物学过程，在生物调控过程中扮演着重要的角色 [1,72−78]。RNA 的生物学功能依赖于它的序列和三维空间结构，要深入理解 RNA 的生物学功能还需测定其准确的三维空间结构。由于 RNA 易于降解，实验上测定 RNA 的三维空间结构还比较困难，极大限制了对 RNA 的结构-功能关系的理解[79]。因此，需要发展 RNA 三维空间结构相关的理论预测方法。近十年，越来越多的 RNA 三级结构预测方法开始出现，主要分为两类：基于同源结构或片段结构的预测方法 (ModeRNA、Vfold、RNAComposer、3dRNA) [31−37] 和基于分子动力学模拟的预测方法 (SimRNA、Rosetta FARFAR、iFoldRNA、NAST) [38,42,80−82]。虽然近年来 RNA 三级结构的预测精度有所提高，但仍有比较明显的缺陷需要解决：现有的 RNA 三级结构预测方法大多数不能很好预测 RNA 的长程空间结构相互作用，无法精确预测复杂拓扑结构的 RNA 分子。因此，亟需发展 RNA 长程空间结构相互作用的预测方法。

RNA 长程空间结构相互作用 (核苷酸-核苷酸相互作用) 信息为 RNA 三维空间结构建模或预测提供了距离约束信息，可以有效优化结构预测的精度。直接耦合分析 (Direct Coupling Analysis，DCA) 是目前较为成功的长程空间结构相互作用预测方法。DCA 可以从不同物种的同源多序列比对结果中分析序列间的共同进化关系，从而推断长程空间结构相互作用 [45,61,67−69,71,83−88]，目前主要有两种方法：mfDCA(平均场近似) 和 plmDCA(伪最大似然估计)[89−91]。研究表明，DCA 可以有效预测核糖开关结构域内部和 RNA-Protein 复合物结构域之间的长程相互作用信息，提高了结构建模的精度。除 DCA 方法以外，还有基于网络或机器学习的方法从多序列比对结果中推断长程空间结构相互作用信息 [54,92−95]。这些方法的共同点是需要充分的同源序列进行多序列比对，预测精度取决于同源序列多序列比对的精度。

Skwark 等研究人员于近期发展了利用结构信息改进蛋白质 DCA 预测结果的新方法 [96]。该方法首先从蛋白质实验结构中提取长程空间结构相互作用信息；然后将长程相互作用信息按照序列顺序转变为 3×3 的相互作用矩阵，矩阵中数值 1 表示有相互作用，数值 0 表示无相互作用；再通过机器学习的方法推断长程相互作用的模式特征；最后利用结构上的模式特征优化 DCA 的预测结果。结果表明，通过结合结构模式特征，该方法能改善蛋白质结构中的二级结构 α 螺旋和 β 链的预测结果。

RNA 三维空间结构与蛋白质不同，RNA 的二级结构碱基配对信息较为容易预测，而配对的环–环长程相互作用是预测的瓶颈，对 RNA 三维结构的拓扑构象十分重要。现有的利用结构信息改进蛋白质 DCA 预测结果的方法只考虑了蛋白质的局部结构特征作为统计势能函数进行建模，而 RNA 环–环长程相互作用推断需要统计全局结构的特征。本小节将讨论利用受限玻尔兹曼机统计 RNA 全局和局部结构信息改进 RNA 长程空间结构相互作用预测的方法。

3.3.1　受限玻尔兹曼机预测模型

RNA受限玻尔兹曼机长程相互作用预测模型不同于传统的mfDCA和 plmDCA 方法，该方法结合 RNA 多序列比对共进化分析和 RNA 三维空间结构模块相互作用特征，有效提高了 RNA 长程空间结构相互作用的预测精度。图 3.7 为 RNA 受限玻尔兹曼机长程相互作用预测模型的流程图，该方法通过模块化组合序列和结构特征，未来可加入实验信息模块，进一步改进预测精度。

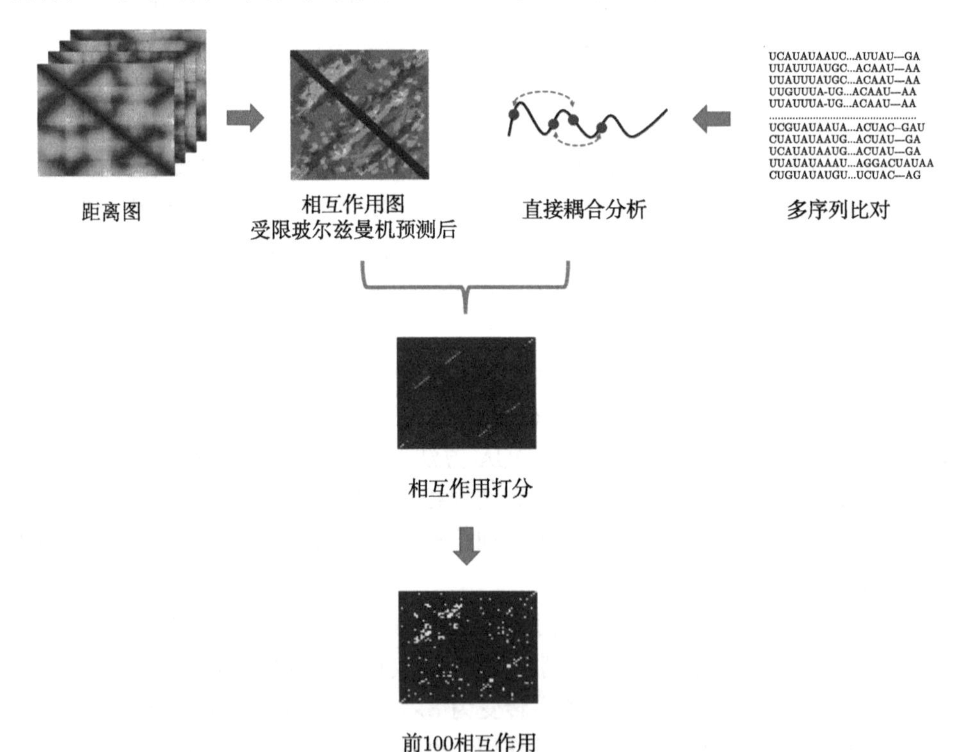

图 3.7　RNA 受限玻尔兹曼机长程相互作用预测模型的基本工作流程。结构模块为相互作用特征分析 (左上) 和多序列比对序列分析 (右上)

受限玻尔兹曼机 (Restricted Boltzmann Machine, RBM) 是由多伦多大学的 Geoff Hinton 等人提出用于解决降维、分类、特征学习等问题的神经网络模型 [97]。受限玻尔兹曼机主要有可见层 (visible layer) 和隐藏层 (hidden layer)，与传统玻尔兹曼机不同，受限玻尔兹曼机可见层单元只与隐藏层单元有连接。因此，受限玻尔兹曼机的分布概率可以因子化，极大简化了学习过程。受限玻尔兹曼机的能量表达式为

$$E\left(v,h|W,b,c\right)=-b^{T}v-c^{T}h-h^{T}Wv \tag{3-24}$$

其中 W 是可见层单位与隐藏层单位之间的连接权重矩阵，h、b、c 是作为补偿的偏置单元。v、h 的概率给定如下：

$$p\left(v,h|W,b,c\right)=\frac{1}{z\left(W,b,c\right)}\mathrm{e}^{-E(v,h|W,b,c)} \tag{3-25}$$

$$z\left(\mathrm{W},b,c\right)=\sum_{v,h}\mathrm{e}^{-E(v,h|W,b,c)} \tag{3-26}$$

其中 $z\left(W,b,c\right)$ 是对所有可能的 v 和 h 求和的配分函数。通过随机梯度下降 (SGD) 对经验数据的负对数似然进行 RBM 训练。$L\left(W,c,b,T\right)$ 定义为损失函数，我们希望它在 SGD 期间最小化

$$L\left(W,c,b,T\right)=-\frac{1}{N}\sum_{v\in T}\log P(v|W,b,c) \tag{3-27}$$

$P(v|W,b,c)$ 定义如下：

$$P\left(v|W,b,c\right)=\sum_{h}p\left(v,h|W,b,c\right) \tag{3-28}$$

上面的 T 是来自经验数据的一组样本。通过最小化损失函数，可以根据以下公式更新参数:W,b,c

$$W=W-\frac{\partial L\left(W,b,c,T\right)}{\partial W} \tag{3-29}$$

$$b=b-\frac{\partial L\left(W,b,c,T\right)}{\partial b} \tag{3-30}$$

$$c=c-\frac{\partial L\left(W,b,c,T\right)}{\partial c} \tag{3-31}$$

长程空间结构相互作用定义为：如果两个核苷酸中任意一对重原子之间的距离小于 8 Å，则认为这两个核苷酸间有长程空间结构相互作用 [89,90,98–100]。长程空间结构相互作用预测的成功率 (PPV) 的定义如下：

$$\mathrm{PPV}=\frac{|TP|}{|TP|+|FP|} \tag{3-32}$$

其中 $TP(FP)$ 是真 (假) 阳性的预测相互作用数目。

核糖开关 (riboswitch) 的配体结合单元 (aptamer domain，AD) 与环境中相应代谢物结合会引起表达单元发生构象变化，从而调控基因表达或翻译过程。研究表明，核糖开关可以调控细菌相关基因的表达，从而抑制细菌生长，是开发新型抗生素等药物的重要靶标分子 [101−106]。因此，本小节主要对核糖开关进行测试 (图 3.8) 分析。为了研究方法的鲁棒性，构建了 4 个不同层次的训练集，训练集的详细信息如下：

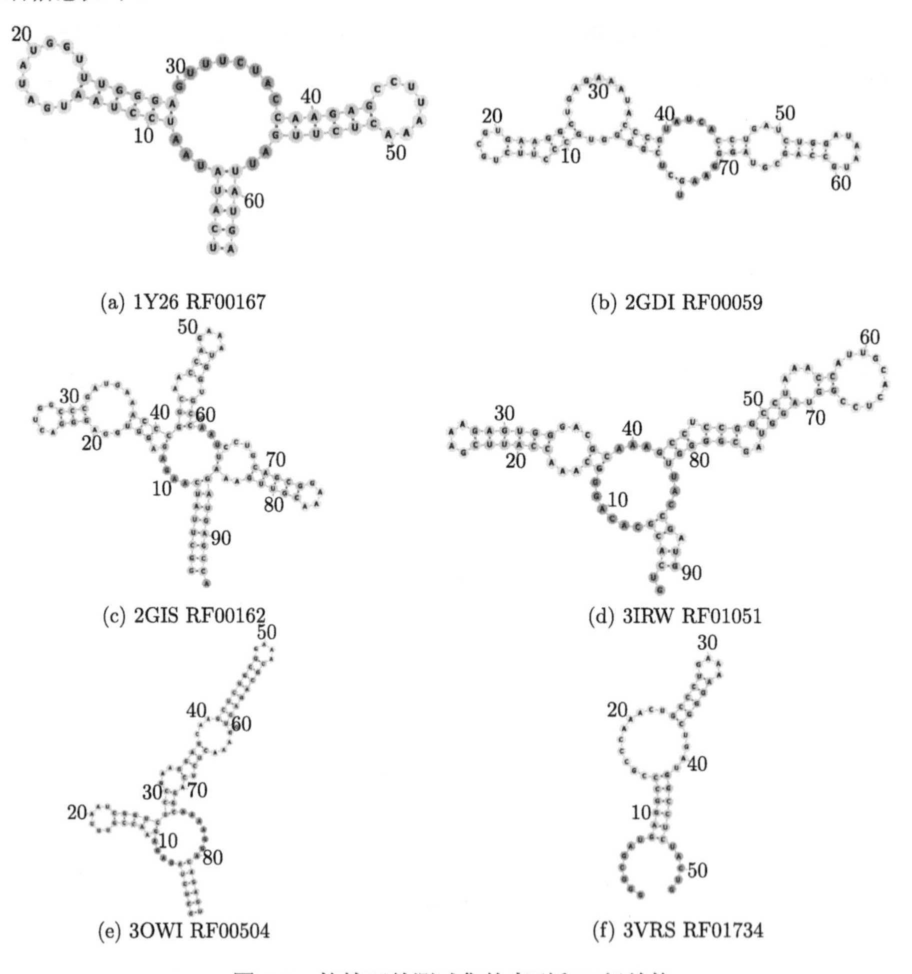

(a) 1Y26 RF00167　(b) 2GDI RF00059

(c) 2GIS RF00162　(d) 3IRW RF01051

(e) 3OWI RF00504　(f) 3VRS RF01734

图 3.8　核糖开关测试集的序列和二级结构

(1) 非冗余核糖开关结构训练集。该训练集主要学习核糖开关的结构特征，10 个典型的核糖开关如表 3.1 所示。序列相关性 (由 CLUSTALW 计算，http://www.genome.jp/tools-bin/clustalw) 和结构相似性 (RMSD 由 PyMOL 计算，www.pymol.

org) 分析结果表明核糖开关之间的差异性较大，训练集中的 RNA 在序列或结构上相似性较低。

(2) 非冗余 RNA 训练集 1。该训练集主要收集了 RNA 3D Hub (version 3.21) 中长度为 50nt 到 120nt，分辨率小于等于 3.0 Å的 147 类非冗余 RNA 典型代表结构 [107]。该训练集将训练集和测试集中具有序列或结构同源性的 RNA 从训练集中去除，保证了训练集和测试集没有序列和结构重叠 [35,36,108]。

(3) 非冗余 RNA 训练集 2。在非冗余 RNA 训练集 1 的基础上，该训练集进一步删除了训练集中所有的核糖开关结构，保证了非冗余 RNA 训练集 2 中没有核糖开关结构。

(4) 非冗余 RNA 训练集 3。不同于非冗余 RNA 训练集 1 和 2 仅收集长度在 50~120nt 之间的 RNA 分子，非冗余 RNA 训练集 3 收集了 RNA 3D Hub (version 3.21) 中分辨率小于等于 3.0 Å的 1023 类非冗余 RNA 典型代表结构。同时，该训练集将训练集和测试集中具有序列或结构同源性的 RNA 从训练集中去除，保证了训练集和测试集没有序列和结构重叠。

表 3.1　非冗余核糖开关结构训练集。序列相关性 (灰色背底) 和结构相似性 (无背底) 分析结果表明核糖开关之间相似性较低

PDB	2cky	2miy	3dj2	3f2q	3iqr	3mxh	3oww	4en5	4gma	5c7u
2cky		18.18	22.78	19.04	22.36	23.59	23.28	17.97	26.71	14.04
2miy	27.12		23.35	19.45	18.51	24.32	24.89	18.68	25.82	19.53
3dj2	27.27	28.81		32.91	29.17	28.35	35.68	25.14	29.85	26.56
3f2q	25.97	28.81	27.68		22.50	26.08	26.71	20.22	26.06	22.54
3iqr	29.87	32.20	27.66	31.91		24.17	22.73	12.80	27.30	18.60
3mxh	20.78	25.42	32.61	18.48	27.17		25.03	22.44	28.33	20.74
3oww	23.38	22.03	29.55	27.27	25.00	22.73		25.63	27.40	26.91
4en5	28.85	21.15	38.46	26.92	34.62	30.77	28.85		24.36	17.41
4gma	29.87	30.51	24.14	25.00	30.85	32.61	26.14	42.31		25.54
5c7u	20.90	22.03	31.34	28.36	28.36	32.84	25.37	26.92	23.88	

测试集为 6 个核糖开关 (图 3.8)[89]。

受限玻尔兹曼机学习 RNA 结构特征的主要步骤为 (图 3.9)：

步骤 1：将 RNA 结构特征转化为一维数组格式。首先，将训练集中所有的 RNA 结构按照 8 Å的距离截断标准得到长程空间结构相互作用。然后，利用线性插值的方法将长程空间结构相互作用数组统一调整到 100×100 的大小。图像大小调整被广泛应用于深度学习，用于训练输入图像大小固定的机器。基于卷积神经网络的 VGG-16 被用于训练超过属于 1000 个类别的 1400 万幅图像 [109]。所有的图像在输入机器前都被调整为 224×224×3 (RGB 图像) 的大小。VGG-16 对排名第一的预测准确率为 70.5%，前 5 位预测的准确率为 90%左右。训练集中的 RNA 大小不同，将 RNA 调整为固定大小 100×100，然后使用 8 Å的截断值将其转换为长程相互作用数组。结果表明，RNA 图像大小的调整保留了 RNA 的全局与局部特征。进一步，将长程相互作用数组的下三角转换成一维数组，每个接触 (1) 或非接触 (0) 有一个通道，这个一维数组的元素将被输入到 RBM 的可见单元中。

步骤 2: 学习权重信息。我们主要利用随机梯度下降法 (SGD) 和对比散度 (CD) 算法对 RBM 进行训练，学习率为 0.1，训练次数为 10 000[110]。

步骤 3: 分析 RNA 三维结构特征。首先，保留产生的后 5000 个结构。然后，计算 5000 个结构产生的长程空间结构相互作用概率，并以此作为 RNA 的三维结构特征。

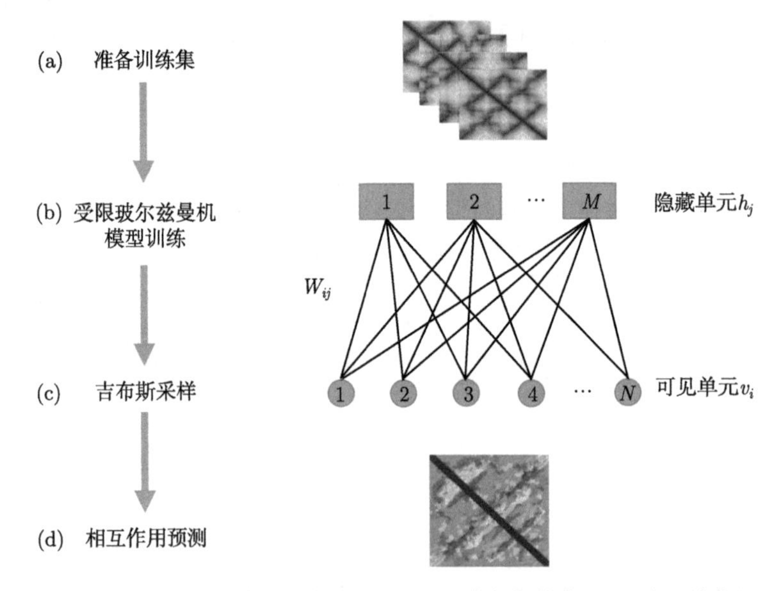

图 3.9　受限玻尔兹曼机预测模型的主要步骤: (a) 准备训练集; (b) 将训练集导入受限玻尔兹曼机模型进行训练; (c) 利用吉布斯采样法进行抽样; (d) 相互作用预测

直接耦合分析 (DCA) 是从不同物种的序列共进化中推断出相互作用的核苷酸 [61,111,112]。首先在进行多序列比对 (MSA) 时去除序列插空大于 50%的序列，然后计算单个核苷酸和一对核苷酸的频率。表示两个位点之间相互作用强度的直接耦合定义为

$$\mathrm{DI}_{ij} = \sum_{AB} P_{ij}^{d}(A,B) \ln \frac{P_{ij}^{d}(A,B)}{f_i(A)\, f_j(B)} \tag{3-33}$$

$$P_{ij}^{d}(A,B) = \exp\left\{ e_{ij}(A,B) + \tilde{h}_i(A) + \tilde{h}_j(B) \right\} / Z_{ij} \tag{3-34}$$

$\tilde{h}_i(A)$ 与 $\tilde{h}_j(B)$ 由单核苷酸频率 $f_i(A)=\sum_B P_{ij}^d(A,B)$ 和 $f_j(B)=\sum_A P_{ij}^d(A,B)$ 定义。平均场 DCA (mfDCA) 是由一个简单的平均场近似完成的。Ekeberg 还提出了一种利用伪似然最大化来推断直接耦合的方法，称为 plmDCA [65,113]。

最后的长程空间结构相互作用预测综合了受限玻尔兹曼机学习的结构特征和 DCA 学习的序列共进化特征。

$$\text{DIRECT} = \text{DI} \times W^2 \tag{3-35}$$

其中 DI 为直接耦合分析得到的序列共进化信息，W 为受限玻尔兹曼机学习得到的结构特征。在考虑 W 的不同次幂 (最高 4 次幂) 中，最终选择例如公式 (3-35) 中 W 的 2 次幂来平衡序列共进化特征结构特征的贡献。

RNA 三级结构预测。使用 3dRNA、RNAcomposer、simRNA 和 Vfold3D 四类不同的方法对 RNA 进行了建模 [32,35,36,38,114]，所有的建模都是在相应的结构建模或预测服务器上完成。

3.3.2 长程空间结构相互作用预测分析

传统的直接耦合分析 (DCA) 预测 RNA 长程空间结构相互作用有较多缺陷：首先，DCA 需要充分的同源序列信息，对于同源序列信息不充分的 RNA 分子预测精度较低；其次，序列上共同进化的一对核苷酸不一定形成分子内相互作用，也可能作为 RNA 同源二聚体之间的相互作用，有许多未知的因素可以导致序列共进化的现象。受限玻尔兹曼机学习的结构特征和 DCA 学习的序列共进化特征的结合可以有效克服传统 DCA 的缺陷。

为了公正科学的评价预测结果，本小节使用发表的标准数据集 (图 3.8) 作为测试集，6 个 RNA 的测试结果如图 3.10 所示。如图 3.10(a, b, c, d, e, f) 所示，与传统的 mfDCA 相比，1Y26、2GDI、2GIS、3IRW 的预测精度 (PPV) 提高了 5%～7%。3OWI 预测也有 2%的小幅增长。唯一的例外是 3VRS，该 RNA 中标准的沃森–克里克 (Watson-Crick) 碱基配对较少，非标准碱基配对校多，从而导致预测精度较低。

如图 3.10(g, h, i, j, k, l) 所示，与 plmDCA 相比，1Y26、2GIS、3OWI 的预测精度 (PPV) 提高了 6%～8%，3IRW 预测也有 2%的小幅增长，2GDI 和 3VRS 的测试中预测精度较低，平均预测精度提高了 11%。

RNA 相互作用序列上核苷酸间隔的不同可以反映不同的结构信息：RNA 分子的短程相互作用反映了局部的二级结构特征，而长程相互作用则决定了其整体结构的拓扑构象。传统的 DCA(mfDCA 和 plmDCA) 对短程 (序列间隔 5～12nt) 或中程 (序列间隔 13～24nt) 相互作用的预测较为准确，但对长程 (序列间隔 24nt+) 相互作用的预测较为困难。然而，受限玻尔兹曼机模型利用从训练集中学习到的结构特征对 DCA 预测结果进行了重新赋值，能有效改进长程相互作用预测的精度(表 3.2)。长程相互作用将大大减少了 RNA 结构建模需要搜索的空间范围，即使是预测结果的微小提升对 RNA 三级结构建模的准确性和速度也会产生重大影响。

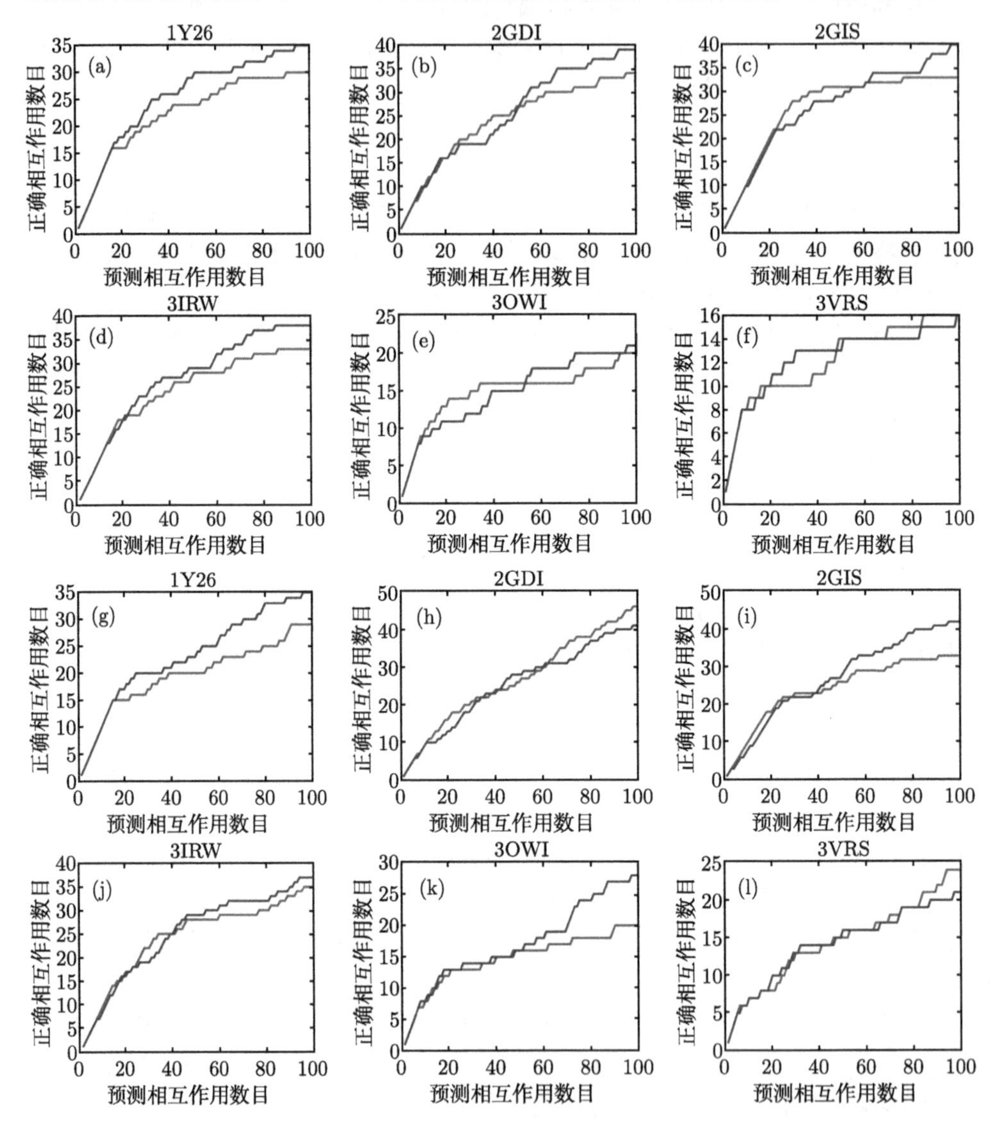

图 3.10　受限玻尔兹曼机模型与直接耦合分析的相互作用预测精度。(a, b, c, d, e, f) 表示受限玻尔兹曼机模型与 mfDCA 的比较。除 3VRS 外，在排名前 100 的预测结果中，受限玻尔兹曼机模型 (黑线) 比 mfDCA(灰线) 的预测精度平均高 13%。(g, h, i, j, k, l) 表示受限玻尔兹曼机模型与 plmDCA 的比较。在排名前 100 的预测结果中，受限玻尔兹曼机模型 (蓝线) 比 plmDCA(红线) 的预测精度平均高 11%

表 3.2 RNA 不同核苷酸间隔的传统方法与受限玻尔兹曼机的相互作用预测比较分析结果

PDB	核苷酸间隔	传统方法	受限玻尔兹曼机
1Y26	5~12	10	11
	13~24	12	15
	24+	8	9
2GDI	5~12	10	13
	13~24	6	5
	24+	18	21
2GIS	5~12	9	6
	13~24	8	9
	24+	15	20
3OWI	5~12	4	3
	13~24	5	1
	24+	11	17
3IRW	5~12	6	7
	13~24	6	6
	24+	21	25
3VRS	5~12	8	9
	13~24	1	1
	24+	7	6

3.3.3 相互作用预测结构特征分析

RNA 的长程空间结构相互作用可分为 4 种相互作用类型：茎–环，环–环，茎–茎和茎内相互作用，对三级结构的形成有重要的作用。例如，茎内核苷酸–核苷酸相互作用决定了茎的拓扑结构，如茎区结构的弯曲或扭转；茎–环，环–环，茎–茎的核苷酸–核苷酸相互作用决定了 RNA 的拓扑结构，可以作为 RNA 三级结构建模的距离约束信息。

RNA 的碱基配对，茎–环，环–环，茎–茎和茎内的相互作用预测结果如表 3.3 所示。受限玻尔兹曼机模型和传统 DCA 对 RNA 碱基配对的预测效果基本一致。正确预测碱基对可以确定 RNA 的二级结构。因此，受限玻尔兹曼机模型和传统 DCA 对 RNA 二级结构有相似的预测效果。与碱基配对预测不同，受限玻尔兹曼机模型在茎–环，环–环，茎–茎和茎内的相互作用的预测中有明显改善。1Y26、2GIS、3OWI、3IRW 正确预测的茎内相互作用显著增加 3~8 个，说明这些 RNA 结构中有更多的弯曲或扭转接触。对于其他三种类型的相互作用 (茎–环，环–环，茎–茎) 预测，可以观察到更显著的效果，特别是涉及环–环的相互作用预测更加准确，受限玻尔兹曼机模型能够更加准确地预测 RNA 三级结构相互作用。

表 3.3　RNA 碱基配对，茎–环，环–环，茎–茎和茎内的相互作用预测结果

PDB	相互作用	直接耦合分析	DIRECT
1Y26	碱基配对	15	15
	茎区–环区	4	4
	环区–环区	2	2
	茎区–茎区 (内部)	6	10
	茎区–茎区 (外部)	3	4
2GDI	碱基配对	12	13
	茎区–环区	12	14
	环区–环区	6	8
	茎区–茎区 (内部)	3	3
	茎区–茎区 (外部)	1	1
2GIS	碱基配对	20	19
	茎区–环区	1	3
	环区–环区	9	5
	茎区–茎区 (内部)	2	7
	茎区–茎区 (外部)	0	1
3OWI	碱基配对	13	10
	茎区–环区	3	1
	环区–环区	1	3
	茎区–茎区 (内部)	3	6
	茎区–茎区 (外部)	0	1
3IRW	碱基配对	16	16
	茎区–环区	6	7
	环区–环区	2	2
	茎区–茎区 (内部)	8	12
	茎区–茎区 (外部)	1	1
3VRS	碱基配对	6	6
	茎区–环区	1	1
	环区–环区	7	7
	茎区–茎区 (内部)	2	2
	茎区–茎区 (外部)	0	0

相同家族或同源的 RNA 结构有较高的保守性，RNA 结构类型的识别可以为 RNA 结构建模和设计提供有用的信息，如何有效识别 RNA 结构类型和特征仍然是一个挑战 [115–117]。受限玻尔兹曼机可以学习已知 RNA 的序列和结构特征，并对未知结构的 RNA 进行分类。以核糖开关为例，首先从非冗余核糖开关训练集中学习核糖开关的序列与结构特征。然后，再对核糖开关与非核糖开关 (tRNA 与核糖酶 RNA) 进行分类。

图 3.11 为核糖开关 (PDB code: 1Y26, 2GDI, 2GIS, 3IRW, 3OWI 和 3VRS) 的分析结果。图中灰色点表示核糖开关实验测定的空间结构相互作用特征，红色点为

受限玻尔兹曼机预测的核糖开关空间结构相互作用特征，两者有较高的相似性。图 3.12 为 tRNA (PDB code：1GTR) 和核糖酶 (PDB code：2QUW) 的分析结果，预测结果与真实值差异较大。综上所述，受限玻尔兹曼机可以有效识别 RNA 的结构特征，并能对 RNA 的结构类型进行分类。

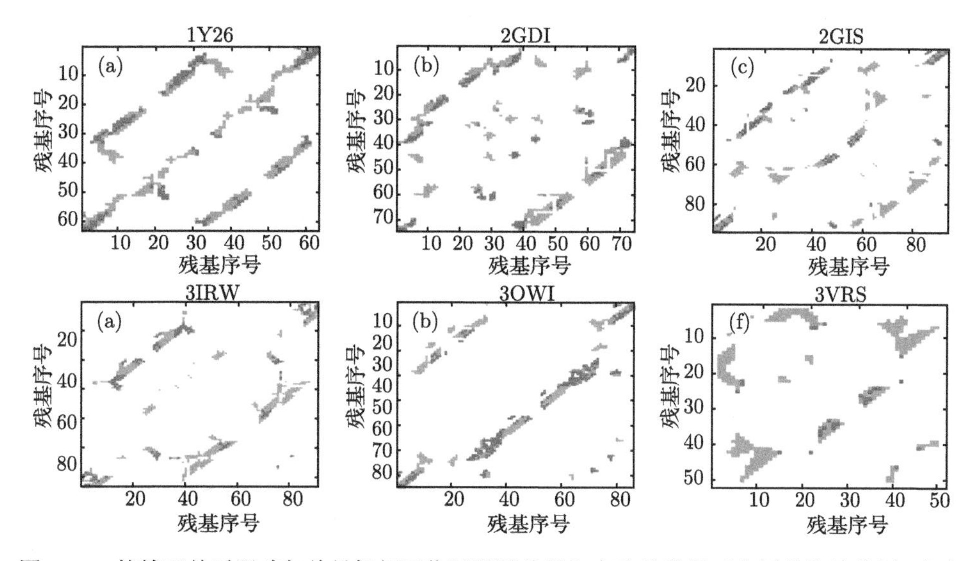

图 3.11 核糖开关受限玻尔兹曼机相互作用预测结果与实验结构相互作用的比较分析。灰色点表示核糖开关实验结构中的相互作用，红色点表示受限玻尔兹曼机预测的相互作用

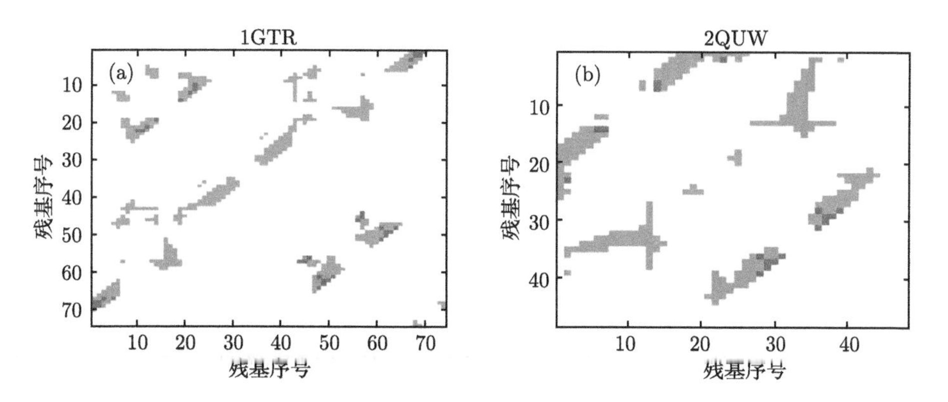

图 3.12 基于核糖开关训练的预测结果与非核糖开关相似性较低。图中的灰色点表示 RNA 实验结构的相互作用，红色点为预测结果与 RNA 实验结构的相似部分

3.3.4 相互作用预测与结构建模

本小节用 4 类主流的 RNA 结构预测方法 (3dRNA、RNAcomposer、simRNA

和 Vfold3D) 对测试集中的核糖开关进行了结构建模，然后利用受限玻尔兹曼机模型预测的长程空间结构相互作用对 RNA 建模结构分为两类：含有预测的长程空间结构相互作用，不含有预测的长程空间结构相互作用。图 3.13 为建模结构的分类结果，其中绿色表示含有预测的长程空间结构相互作用，红色表示不含有预测的长程空间结构相互作用，RMSD 为 RNA 模型结构的全原子均方根偏差 (与实验结构比较，数值越小越精确)。总体来说，含有预测的长程空间结构相互作用的 RNA 模型结构普遍较为精确 (RMSD 值为 5.70 ~12.73 Å)，不包含预测的长程空间结构相互作用的 RNA 模型结构差异较大 (RMSD 值为 12.49 ~21.57 Å)。例如，在核糖开关 3IRW 中通过长程空间结构相互作用 (核苷酸 7 与核苷酸 89 之间的相互作用) 可有效筛选正确的预测结构模型，RMSD 从 21.57 Å 降低到 5.70 Å 。在 1Y26、2GDI、2GIS、3OWI 等例中，长程空间结构相互作用筛选也对预测模型有明显改善，RMSD 值的显著降低表明，受限玻尔兹曼机模型识别的长程空间结构相互作用能够显著改善 RNA 三维结构预测。

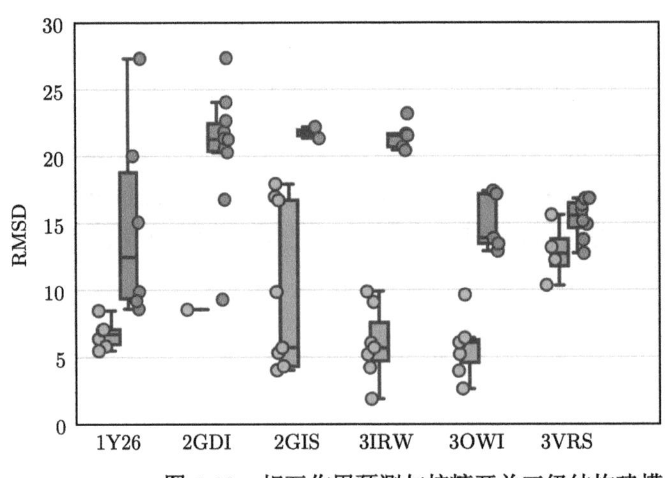

图 3.13　相互作用预测与核糖开关三级结构建模

在非冗余 RNA 训练集 1 的测试结果中，受限玻尔兹曼机模型与传统的 mfDCA 和 plmDCA 相比，在 1Y26、2GDI、2GIS、3IRW、3OWI、3VRS 测试中准确率 (PPV) 分别提高了 21%~95%和 −4%~60%。此外，受限玻尔兹曼机模型还提高了非核糖开关的预测准确率，tRNA (PDB code: 1GTR) 的预测精度提升为 31%，与核糖酶 (PDB code: 2QUW) 的精度相当。

我们进一步发现，在训练集 2 和训练集 3 上：非冗余 RNA 训练集 2 长度为 50~120nt，不含核糖开关结构；非冗余 RNA 训练集 3 不限制 RNA 长度，也不含核糖开关结构。在非冗余 RNA 训练集 2 的测试结果中，受限玻尔兹曼机模型与传统的 mfDCA 和 plmDCA 相比平均准确率分别提高了 15%和 4%；在非冗余 RNA

训练集 3 的测试结果中，受限玻尔兹曼机模型与传统的 mfDCA 和 plmDCA 相比平均准确率分别提高了 7%和 11%。结果表明，受限玻尔兹曼机模型可以通过学习 RNA 的序列和结构特征，有效改进 RNA 的长程空间结构相互作用预测。

RNA 比较重要的核苷酸–核苷酸相互作用在序列上会较为保守或者共同进化，从而维持 RNA 的结构和功能的稳定。直接耦合分析可以通过序列共同进化分析推断核苷酸–核苷酸相互作用，对于保守的相互作用较为困难。ConSurf 序列保守性计算方法可以对相互作用分为 3 类：可变型相互作用 (保守性分值为 1~3)，保守型相互作用 (保守性分值为 7~9) 和其他相互作用 (保守性分值为 4~6)[118]。受限玻尔兹曼机模型改进了 1Y26、2GIS、3IRW 中的可变相互作用的预测，以及 1Y26、2GDI、2GIS、3OWI 中的其他相互作用的预测。虽然通过受限玻尔兹曼机模型方法预测保守接触得到了微小的改进，要实现对保守接触的准确预测，除了序列变化和结构模板之外还需要更多的信息 (图 3.14)。

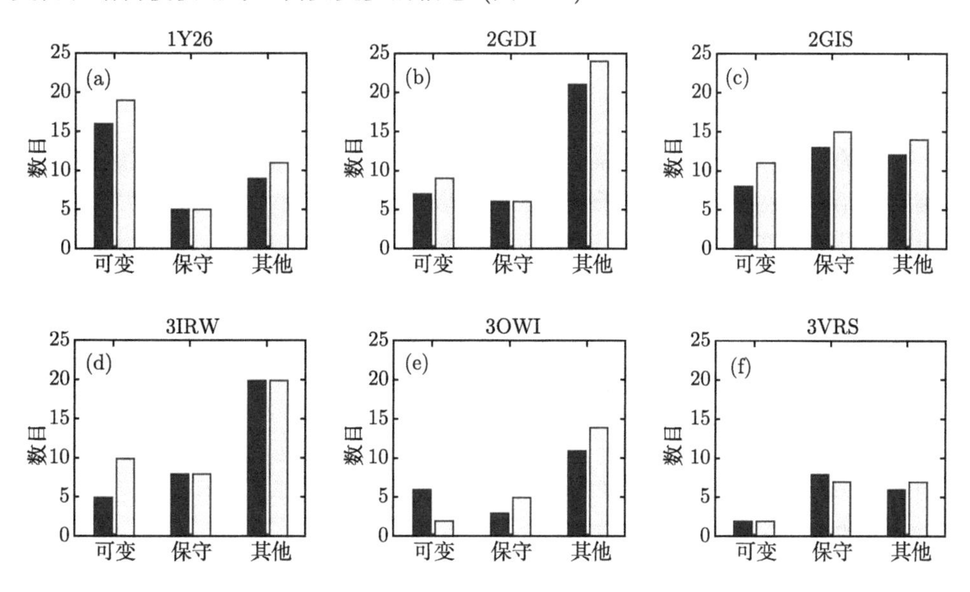

图 3.14 相互作用预测保守性分析。保守性分为可变型、保守型和其他类型

受限玻尔兹曼机模型提高的长程空间结构相互作用主要分为两类：(1) 环–环长程空间结构相互作用，如 A 核糖开关 (PDB code: 1Y26)、TPP (PDB code: 2GDI)、SAM-I 核糖开关 (PDB code: 2GIS)、c-di-GMP (PDB code: 3IRW) 的环–环相互作用决定了拓扑的空间构象；(2) 茎区内相互作用，如甘氨酸核糖开关 (PDB code: 3OWI) 和氟化物核糖开关 (PDB code: 3VRS) 的茎区内相互作用决定了茎区的扭转和摆向 (图 3.15)。

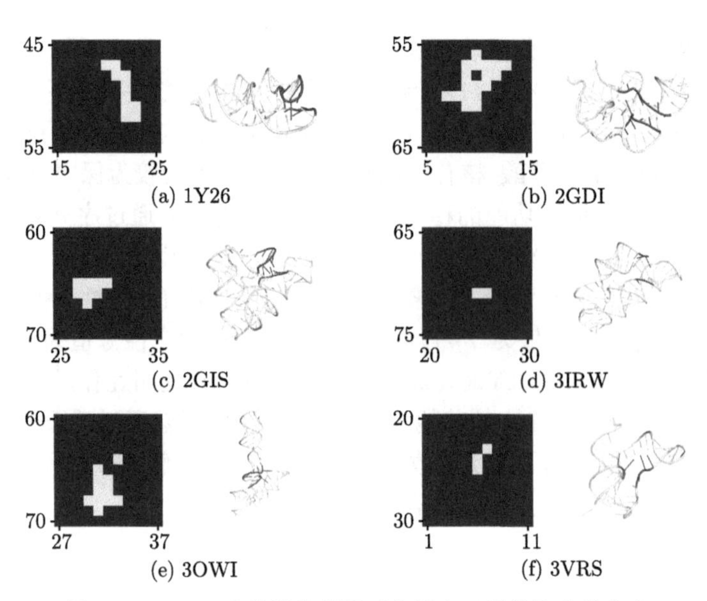

(a) 1Y26　(b) 2GDI　(c) 2GIS　(d) 3IRW　(e) 3OWI　(f) 3VRS

图 3.15　RNA 中关键长程相互作用在三级结构中的分布

传统的直接耦合分析方法需要充足的同源序列信息才能得到准确的相互作用预测结果 (序列数目应该为分子长度的三倍以上)[45]。然而，大多数 RNA 相互作用研究并没有足够的同源序列，限制了直接耦合分析方法的应用。本小节随机选择 50 个序列对目标核糖开关进行接触预测，这些核糖开关的长度范围是 52 个核苷酸到 92 个核苷酸。结果表明，受限玻尔兹曼机模型在预测精度上优于传统的直接耦合分析方法，平均提高 12%，说明即使同源序列数量不足，受限玻尔兹曼机模型也可以提高预测精度。基于小数据集的相互作用预测模型容易出现过拟合，受限玻尔兹曼机模型利用同源结构特征来增加序列共变信息，避免了过拟合。与局部模式识别不同，受限玻尔兹曼机模型的预测长程空间结构相互作用 (环–环相互作用等) 可以有效改善 RNA 的整体结构。

3.4　小　结

根据生物分子序列信息，从理论上预测其相应空间结构相互作用对研究蛋白质和核酸等生物分子结构相关问题具有极其重要的理论和实际意义。

直接耦合分析方法是解决由生物分子多序列比对到生物分子空间结构相互作用预测这一问题的关键步骤。目前，平均场近似模型和伪似然估计模型可以较快计算多序列比对中的序列关联性并预测空间结构相互作用，但精度较低。基于受限玻尔兹曼机的空间结构相互作用预测模型可以从生物分子序列和结构信息中学习和预测相互作用，在保证计算速度的同时提高预测精度，为生物分子结构建模等相关研究提供了有用的工具。

参考文献

[1] Esteller M. *Non-coding RNAs in human disease.* Nat Rev Genet, 2011. **12**(12): 861-874.

[2] Harries L W. *Long non-coding RNAs and human disease.* Biochem Soc Trans, 2012, **40**(4): 902-906.

[3] Rogoyski O M, et al. *Functions of long non-coding RNAs in human disease and their conservation in Drosophila development.* Biochem Soc Trans, 2017, **45**(4): 895-904.

[4] Zhu L, et al. *tRNA-derived small non-coding RNAs in human disease.* Cancer Lett, 2018, **419**:1-7.

[5] Marinko J T, et al. *Folding and misfolding of human membrane proteins in health and disease: From single molecules to cellular proteostasis.* Chem Rev, 2019.

[6] Medina-Carmona E, et al. *Enhanced vulnerability of human proteins towards disease-associated inactivation through divergent evolution.* Hum Mol Genet, 2017, **26**(18):3531-3544.

[7] Nterma P, et al. *Immunohistochemical profile of tumor suppressor proteins RASSF1A and LATS1/2 in relation to p73 and YAP expression, of human inflammatory bowel disease and normal intestine.* Pathol Oncol Res, 2019.

[8] Simanshu D K, Nissley D V and McCormick F. *RAS proteins and their regulators in human disease.* Cell, 2017, **170**(1): 17-33.

[9] Squires K E, et al. *Genetic analysis of rare human variants of regulators of G protein signaling proteins and their role in human physiology and disease.* Pharmacol Rev, 2018, **70**(3):446-474.

[10] Tsin A, Betts-Obregon B and Grigsby J. *Visual cycle proteins: Structure, function, and roles in human retinal disease.* J Biol Chem, 2018, **293**(34): 13016-13021.

[11] Ramachandraiah G, et al. *Re-refinement using reprocessed data to improve the quality of the structure: a case study involving garlic lectin.* Acta Crystallogr D Biol Crystallogr, 2002, **58**(Pt 3): 414-420.

[12] Nagae M, et al. *Phytohemagglutinin from Phaseolus vulgaris (PHA-E) displays a novel glycan recognition mode using a common legume lectin fold.* Glycobiology, 2014, **24**(4): 368-378.

[13] Carrizo M E, et al. *The antineoplastic lectin of the common edible mushroom (Agaricus bisporus) has two binding sites, each specific for a different configuration at a single epimeric hydroxyl.* J Biol Chem, 2005, **280**(11): 10614-10623.

[14] Transue T R, et al. *Structure of benzyl T-antigen disaccharide bound to Amaranthus caudatus agglutinin.* Nat Struct Biol, 1997, **4**(10):779-783.

[15] Pascal J M, et al. *2.8-A crystal structure of a nontoxic type-II ribosome-inactivating protein, ebulin l.* Proteins, 2001, **43**(3): 319-326.

[16] Bourne Y, et al. *Helianthus tuberosus lectin reveals a widespread scaffold for mannose-binding lectins.* Structure, 1999, **7**(12):1473-1482.

[17] Liu T, et al. *Chitin-induced dimerization activates a plant immune receptor.* Science, 2012, **336**(6085):1160-1164.

[18] Andersen N H, et al. *Hevein: NMR assignment and assessment of solution-state folding for the agglutinin-toxin motif.* Biochemistry, 1993, **32**(6): 1407-1422.

[19] Anfinsen C B. *Principles that govern the folding of protein chains.* Science, 1973, **181**(4096): 223-230.

[20] Waterhouse A, et al. *SWISS-MODEL: Homology modelling of protein structures and complexes.* Nucleic Acids Res, 2018, **46**(W1): W296-W303.

[21] Bienert S, et al. *The SWISS-MODEL repository-new features and functionality.* Nucleic Acids Res, 2017, **45**(D1): D313-D319.

[22] Guex N, Peitsch M C and Schwede T. *Automated comparative protein structure modeling with SWISS-MODEL and Swiss-PdbViewer: A historical perspective.* Electrophoresis, 2009, **30 Suppl 1**: S162-S173.

[23] Benkert P, Biasini M and Schwede T. *Toward the estimation of the absolute quality of individual protein structure models.* Bioinformatics, 2011, **27**(3): 343-350.

[24] Bertoni M, et al. *Modeling protein quaternary structure of homo- and hetero-oligomers beyond binary interactions by homology.* Sci Rep, 2017, **7**(1): 10480.

[25] Webb B and Sali A. *Comparative protein structure modeling using MODELLER.* Curr Protoc Protein Sci, 2016, **86**: 2.9.1-2.9.37.

[26] Marti-Renom M A, et al. *Comparative protein structure modeling of genes and genomes.* Annu Rev Biophys Biomol Struct, 2000, **29**: 291-325.

[27] Fiser A, Do R K and Sali A. *Modeling of loops in protein structures.* Protein Sci, 2000, **9**(9):1753-1773.

[28] Zhang Y. *I-TASSER server for protein 3D structure prediction.* BMC Bioinformatics, 2008, **9**: 40.

[29] Roy A, Kucukural A and Zhang Y. *I-TASSER: A unified platform for automated protein structure and function prediction.* Nat Protoc, 2010, **5**(4): 725-738.

[30] Yang J, et al. *The I-TASSER Suite: Protein structure and function prediction.* Nat Methods, 2015, **12**(1):7-8.

[31] Rother M, et al. *ModeRNA server: An online tool for modeling RNA 3D structures.* Bioinformatics, 2011, **27**(17): 2441-2442.

[32] Xu X, Zhao P and Chen S J. *Vfold: A web server for RNA structure and folding thermodynamics prediction.* PLoS One, 2014, **9**(9): e107504.

[33] Popenda M, et al. *Automated 3D structure composition for large RNAs.* Nucleic Acids Res, 2012, **40**(14):e112.

[34] Zhao Y, Gong Z and Xiao Y. *Improvements of the hierarchical approach for predicting RNA tertiary structure.* J Biomol Struct Dyn, 2011, **28**(5): 815-826.

[35] Zhao Y, et al. *Automated and fast building of three-dimensional RNA structures.* Sci Rep, 2012, **2**: 734.

[36] Wang, J., et al., *3dRNAscore: A distance and torsion angle dependent evaluation function of 3D RNA structures.* Nucleic Acids Res, 2015, **43**(10): e63.

[37] Zhao Y, Wang J, Zeng C, Xiao Y. *Evaluation of RNA secondary structure prediction for both base-pairing and topology.* Biophysics Reports, 2018, **4**(3):123-132.

[38] Boniecki M J, et al. *SimRNA: A coarse-grained method for RNA folding simulations and 3D structure prediction.* Nucleic Acids Res, 2016, **44**(7): e63.

[39] Piatkowski P, et al. *RNA 3D structure modeling by combination of template-based method ModeRNA, template-free folding with SimRNA, and refinement with QRNAS.* Methods Mol Biol, 2016, **1490**: 217-235.

[40] Yesselman J D and Das R. *Modeling small noncanonical RNA motifs with the Rosetta FARFAR server.* Methods Mol Biol, 2016, **1490**:187-198.

[41] Sharma S, Ding F and Dokholyan N V. *iFoldRNA: Three-dimensional RNA structure prediction and folding.* Bioinformatics, 2008, **24**(17): 1951-1952.

[42] Krokhotin A, Houlihan K and Dokholyan N V. *iFoldRNA v2: Folding RNA with constraints.* Bioinformatics, 2015, **31**(17): 2891-2893.

[43] DeSantis T Z, et al., *NAST: A multiple sequence alignment server for comparative analysis of 16S rRNA genes.* Nucleic Acids Res, 2006, **34**(Web Server issue):W394-W399.

[44] Nicholson B L and White K A. *Functional long-range RNA-RNA interactions in positive-strand RNA viruses.* Nat Rev Microbiol, 2014, **12**(7): 493-504.

[45] Hopf T A, et al. *Sequence co-evolution gives 3D contacts and structures of protein complexes.* Elife, 2014, **3**: e03430.

[46] Taylor W R and Hamilton R S. *Exploring RNA conformational space under sparse distance restraints.* Sci Rep, 2017, **7**: 44074.

[47] Champeimont R, et al. *Coevolution analysis of Hepatitis C virus genome to identify the structural and functional dependency network of viral proteins.* Sci Rep, 2016, **6**: 26401.

[48] Codoner F M, et al. *Gag-protease coevolution analyses define novel structural surfaces in the HIV-1 matrix and capsid involved in resistance to Protease Inhibitors.* Sci Rep, 2017, **7**(1): 3717.

[49] Wen L, et al. *Large-scale sequence analysis reveals novel human-adaptive markers in PB2 segment of seasonal influenza A viruses.* Emerg Microbes Infect, 2018, **7**(1): 47.

[50] Gobel U, et al. *Correlated mutations and residue contacts in proteins.* Proteins, 1994, **18**(4): 309-317.

[51] Skwark M J, et al. *Improved contact predictions using the recognition of protein like contact patterns.* Plos Computational Biology, 2014, **10**(11): e1003889.

[52] Fariselli P, et al. *Prediction of contact maps with neural networks and correlated mutations.* Protein Eng, 2001, **14**(11): 835-843.

[53] Cheng J L and Baldi P. *Improved residue contact prediction using support vector machines and a large feature set.* Bmc Bioinformatics, 2007, **8**:113.

[54] Di Lena P, Nagata K and Baldi P. *Deep architectures for protein contact map prediction.* Bioinformatics, 2012, **28**(19): 2449-2457.

[55] Marks D S, Hopf T A and Sander C. *Protein structure prediction from sequence variation.* Nature Biotechnology, 2012, **30**(11):1072-1080.

[56] de Juan D, Pazos F and Valencia A. *Emerging methods in protein co-evolution.* Nature Reviews Genetics, 2013, **14**(4):249-261.

[57] Fleishman S J, Yifrach O and Ben-Tal N. *An evolutionarily conserved network of amino acids mediates gating in voltage-dependent potassium channels.* J Mol Biol, 2004, **340**(2): 307-318.

[58] Fares M A and Travers S A A. *A novel method for detecting intramolecular coevolution: Adding a further dimension to selective constraints analyses.* Genetics, 2006, **173**(1): 9-23.

[59] Gomes M, et al. *Mutual information and variants for protein domain-domain contact prediction.* BMC Res Notes, 2012, **5**: 472.

[60] Simonetti F L, et al. *MISTIC: Mutual information server to infer coevolution.* Nucleic Acids Res, 2013, **41**(Web Server issue): W8-W14.

[61] Morcos F, et al. *Direct-coupling analysis of residue coevolution captures native contacts across many protein families.* Proc Natl Acad Sci U S A, 2011, **108**(49): E1293-E1301.

[62] Jiang X L, Martinez-Ledesma E and Morcos F. *Revealing protein networks and gene-drug connectivity in cancer from direct information.* Sci Rep, 2017, **7**(1): 3739.

[63] Uguzzoni G, et al. *Large-scale identification of coevolution signals across homo-oligomeric protein interfaces by direct coupling analysis.* Proc Natl Acad Sci U S A, 2017, **114**(13): E2662-E2671.

[64] Cocco S, Monasson R and Weigt M. *From principal component to direct coupling analysis of coevolution in proteins: Low-eigenvalue modes are needed for structure prediction.* PLoS Comput Biol, 2013, **9**(8): e1003176.

[65] Ekeberg M, Hartonen T and Aurell E. *Fast pseudolikelihood maximization for direct-coupling analysis of protein structure from many homologous amino-acid sequences.* Journal of Computational Physics, 2014, **276**: 341-356.

[66] Ekeberg M, et al. *Improved contact prediction in proteins: Using pseudolikelihoods to infer Potts models.* Physical Review E, 2013, **87**(1):012707.

[67] Hopf T A, et al. *Three-dimensional structures of membrane proteins from genomic sequencing.* Cell, 2012, **149**(7):1607-1621.

[68] Marks D S, Hopf T A and Sander C. *Protein structure prediction from sequence variation.* Nat Biotechnol, 2012, **30**(11):1072-1080.

[69] Xing S, et al. *Tcf1 and Lef1 transcription factors establish CD8(+) T cell identity through intrinsic HDAC activity.* Nat Immunol, 2016, **17**(6): 695-703.

[70] Ng C P and Littman D R. *Tcf1 and Lef1 pack their own HDAC.* Nat Immunol, 2016, **17**(6): 615-616.

[71] Ovchinnikov S, Kamisetty H and Baker D. *Robust and accurate prediction of residue-residue interactions across protein interfaces using evolutionary information.* Elife, 2014, **3**: e02030.

[72] Sharma U, et al. *Biogenesis and function of tRNA fragments during sperm maturation and fertilization in mammals.* Science, 2016, **351**(6271): 391-396.

[73] Goodarzi H, et al. *Endogenous tRNA-derived fragments suppress breast cancer progression via YBX1 displacement.* Cell, 2015, **161**(4): 790-802.

[74] Lunse C E, Schuller A and Mayer G. *The promise of riboswitches as potential antibacterial drug targets.* International Journal of Medical Microbiology, 2014, **304**(1):79-92.

[75] Breaker R R. *Riboswitches and the RNA world.* Cold Spring Harb Perspect Biol, 2012, **4**(2): a003566.

[76] Montange R K and Batey R T. *Riboswitches: Emerging themes in RNA structure and function.* Annu Rev Biophys, 2008, **37**: 117-133.

[77] Shi M, et al. *Redefining the invertebrate RNA virosphere.* Nature, 2016, 540:539-543.

[78] Fire A, et al. *Potent and specific genetic interference by double-stranded RNA in Caenorhabditis elegans.* Nature, 1998, **391**(6669): 806-811.

[79] Mortimer S A, Kidwell M A and Doudna J A. *Insights into RNA structure and function from genome-wide studies.* Nature Reviews Genetics, 2014, **15**(7): 469-479.

[80] Das R, Karanicolas J andBaker D. *Atomic accuracy in predicting and designing non-canonical RNA structure.* Nat Methods, 2010, **7**(4): 291-294.

[81] Jonikas M A, et al. *Coarse-grained modeling of large RNA molecules with knowledge-based potentials and structural filters.* RNA, 2009, **15**(2): 189-199.

[82] Shi Y Z, et al. *Predicting 3D structure, flexibility, and stability of RNA hairpins in monovalent and divalent ion solutions.* Biophys J, 2015, **109**(12): 2654-2665.

[83] de Juan D, Pazos F and Valencia A. *Emerging methods in protein co-evolution.* Nat Rev Genet, 2013, **14**(4): 249-261.

[84] Weigt M, et al. *Identification of direct residue contacts in protein-protein interaction by message passing.* Proc Natl Acad Sci U S A, 2009, **106**(1): 67-72.

[85] Stein R R, Marks D S and Sander C. *Inferring pairwise interactions from biological data using maximum-entropy probability models.* PLoS Comput Biol, 2015, **11**(7): e1004182.

[86] Marks D S, et al. *Protein 3D structure computed from evolutionary sequence variation.* PLoS One, 2011, **6**(12): e28766.

[87] Hopf T A, et al. *Amino acid coevolution reveals three-dimensional structure and functional domains of insect odorant receptors.* Nat Commun, 2015, **6**: 6077.

[88] Ovchinnikov S, et al. *Protein structure determination using metagenome sequence data.* Science, 2017, **355**(6322): 294-298.

[89] De Leonardis E, et al. *Direct-coupling analysis of nucleotide coevolution facilitates RNA secondary and tertiary structure prediction.* Nucleic Acids Res, 2015, **43**(21): 10444-10455.

[90] Weinreb C, et al. *3D RNA and functional interactions from evolutionary couplings.* Cell, 2016, **165**(4): 963-975.

[91] Wang J, et al. *Optimization of RNA 3D structure prediction using evolutionary restraints of nucleotide–nucleotide interactions from direct coupling analysis.* Nucleic Acids Research, 2017, **45**(11): 6299-6309.

[92] Wang S, et al. *Accurate De Novo prediction of protein contact map by ultra-deep learning model.* PLoS Comput Biol, 2017, **13**(1): e1005324.

[93] Ma J, et al. *Protein contact prediction by integrating joint evolutionary coupling analysis and supervised learning.* Bioinformatics, 2015, **31**(21): 3506-3513.

[94] Jones D T, et al. *MetaPSICOV: Combining coevolution methods for accurate prediction of contacts and long range hydrogen bonding in proteins.* Bioinformatics, 2015, **31**(7):999-1006.

[95] Eickholt J and Cheng J. *Predicting protein residue-residue contacts using deep networks and boosting.* Bioinformatics, 2012, **28**(23): 3066-3072.

[96] Skwark M J, et al. *Improved contact predictions using the recognition of protein like contact patterns.* PLoS Computational Biology, 2014, **10**(11): e1003889.

[97] Hinton G E. *A practical guide to training restricted Boltzmann machines.* Momentum, 2012, **9**(1): 599-619.

[98] Zhao Y, et al. *Network analysis reveals the recognition mechanism for dimer formation of Bulb-type lectins.* Sci Rep, 2017, **7**(1): 2876.

[99] Chen H, et al. *Break CDK2/Cyclin E1 interface allosterically with small peptides.* PLoS One, 2014, **9**(10): e109154.

[100] Wang K, et al. *RBind: Computational network method to predict RNA binding sites.* Bioinformatics, 2018, **34**(18):3131-3136.

[101] Jones C P and Ferre-D'Amare A R. *Long-range interactions in riboswitch control of gene expression.* Annual Review of Biophysics, 2017, **46**: 455-481.

[102] Nudler E and Mironov A S. *The riboswitch control of bacterial metabolism.* Trends Biochem Sci, 2004, **29**(1): 11-17.

[103] Winkler W C. *Riboswitches and the role of noncoding RNAs in bacterial metabolic control.* Curr Opin Chem Biol, 2005, **9**(6): 594-602.

[104] Smith A M, et al. *Riboswitch RNAs: Regulation of gene expression by direct monitoring of a physiological signal.* RNA Biol, 2010, **7**(1): 104-110.

[105] Xayarath B and Freitag N E. *A bacterial pathogen flips the riboswitch.* Cell Host Microbe, 2009, **6**(5): 400-402.

[106] Sherwood A V, Grundy F J and Henkin T M. *T box riboswitches in Actinobacteria: translational regulation via novel tRNA interactions.* Proc Natl Acad Sci U S A, 2015, **112**(4): 1113-1118.

[107] Leontis N B and Zirbel C L. *Nonredundant 3D Structure Datasets for RNA Knowledge Extraction and Benchmarking*, in *RNA 3D Structure Analysis and Prediction*, Leontis N and Westhof E, Editors. Berlin: Springer, 2012: 281-298.

[108] Capriotti E, et al. *All-atom knowledge-based potential for RNA structure prediction and assessment.* Bioinformatics, 2011, **27**(8): 1086-1093.

[109] Simonyan K and Zisserman A. *Very deep convolutional networks for large-scale image recognition.* CoRR, 2014, **abs/1409.1556**.

[110] Hinton G E. *A Practical Guide to Training Restricted Boltzmann Machines*, in *Neural Networks: Tricks of the Trade: Second Edition*, Montavon G, Orr G B and Müller K-R. Editors. Berlin, Heidelberg: Springer Berlin Heidelberg, 2012: 599-619.

[111] Caleb Weinreb A J R, et al. *3D RNA and functional interactions from evolutionary couplings.* Cell, 2016, **165**(4): 963-975.

[112] Morcos F, et al. *Direct coupling analysis for protein contact prediction.* Methods Mol Biol, 2014, **1137**: 55-70.

[113] Ekeberg M, et al. *Improved contact prediction in proteins: using pseudolikelihoods to infer Potts models.* Phys Rev E Stat Nonlin Soft Matter Phys, 2013, **87**(1): 012707.

[114] Biesiada M, et al. *Automated RNA 3D structure prediction with RNAcomposer.* Methods Mol Biol, 2016, **1490**: 199-215.

[115] Abraham M, et al. *Analysis and classification of RNA tertiary structures.* RNA, 2008, **14**(11): 2274-2289.

[116] Tamura M, et al. *SCOR: Structural Classification of RNA, version 2.0.* Nucleic Acids Res, 2004, **32**(Database issue): D182-D184.

[117] Petrov A I, Zirbel C L and Leontis N B. *Automated classification of RNA 3D motifs and the RNA 3D Motif Atlas.* RNA, 2013, **19**(10): 1327-1340.

[118] Ashkenazy H, et al. *ConSurf 2016: an improved methodology to estimate and visualize evolutionary conservation in macromolecules.* Nucleic Acids Res, 2016, **44**(W1): W344-W350.

第 4 章　生物分子与深度学习

4.1　引　　言

近 10 年来，随着高通量测序技术和冷冻电镜技术等试验技术的出现和不断完善，世界各地的实验室每天都在产生海量的序列、结构、图像等实验数据，生物分子及其相关的数据增长量十分惊人 [1−15]。这些海量数据的产生是为了研究分析生物分子工作机理和人类疾病等重要问题 [16]。然而，如何快速分析海量的生物学数据是限制科学家开展前沿研究的瓶颈问题。近几年，深度学习有较为显著的进展，可以自动化地智能处理文本、语音和图像问题，并开始帮助医学诊断和基础前沿科学的研究 [17−22]。结构生物学、蛋白质组学、生物成像等大数据与深度学习的结合，充分证明了深度学习在生物分子领域中的作用 [23−30]。

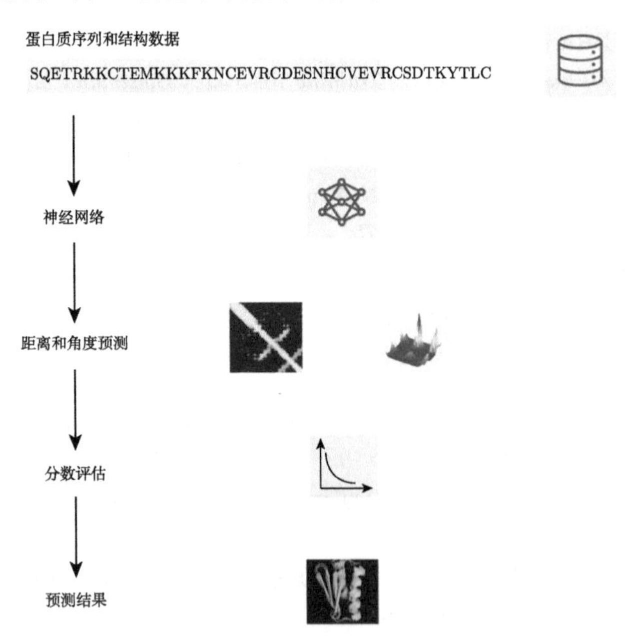

图 4.1　神经网络预测蛋白质结构示意图

蛋白质是维持生命所必需的生物分子，肌肉收缩、感知光线和能量转化等功能都与蛋白质密切相关 [31]。深度学习模型已经能够挑选合适的蛋白质结构模板，帮助搭建和预测更加精确的蛋白质结构 [32−34]。在 2018 年举办的蛋白质结构预测竞

赛 (CASP) 中，谷歌 (Google) 公司旗下的人工智能团队 DeepMind 发展了基于深度学习的方法 AlphaFold 预测蛋白质结构。AlphaFold 利用已有的蛋白质序列和实验结构信息，使用神经网络模型提取蛋白质结构中氨基酸–氨基酸之间的距离特征和氨基酸化学键之间的角度特征。在预测时，AlphaFold 首先预测氨基酸对之间的距离，判断氨基酸对的距离是否接近，然后再预测和调整角度使蛋白质的整体结构能量降低。结果表明，AlphaFold 在蛋白质的结构预测竞赛中取得了总分排名第一的成绩。

新药研发的成本高达 10 亿美元，然而进入第一阶段试验后仅有 10%的药物被证实有效并得到批准。深度学习的突破性进展改变了药物研发领域的现状，使药物研发的速度更快、成本更低、效率更高。辉瑞、赛诺菲和罗氏 (Roche) 等医药公司都在积极利用深度学习技术进行新药开发的研究。深度学习模型可以筛选和预测小分子药物，帮助加快相关疾病的药物开发 [21,35]。例如，卷积神经网络模型可以识别和分析药物分子与靶蛋白的相互作用 (图 4.2)。该方法首先将化学分子式转化为分子图；然后将分子图通过单层神经网络进行卷积运算，形成固定长度的矢量；由不同的卷积运算产生的矢量经过 softmax 变换，求和形成化合物的神经指纹；利用靶蛋白的结构特征进行深度学习，并通过全连接的神经网络层生成最终的输出。卷积神经网络等模型可以有效提取药物分子的特征，根据蛋白质靶点结合信息设计小分子药物。

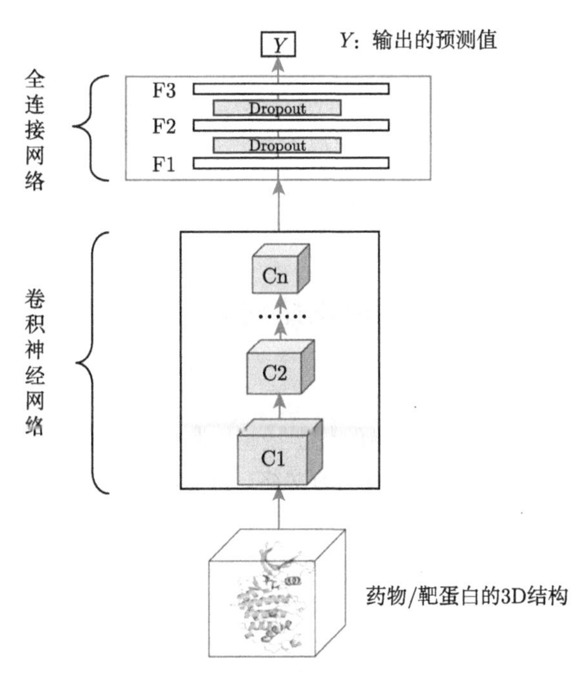

图 4.2　卷积神经网络识别药物分子示意图

深度学习模型可以预测转录因子与 RNA 和组蛋白的结合位点，帮助理解其工作原理 [36−38]。图 4.3 为 DeepBind 结合位点的预测方法。该方法首先通过高通量分析测量 DNA 和 RNA 结合蛋白的序列特异性；然后利用深度学习模型，通过序列特征及其组合对结合位点评分。DeepBind 可识别测试序列中的结合位点，并对序列突变的影响进行分析。

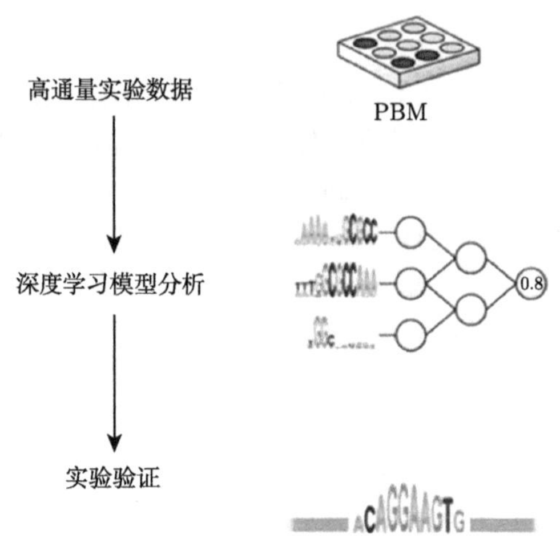

图 4.3 结合位点预测示意图

深度学习与传统机器学习的主要不同在于需要的训练集非常大，样本越多效果越好。生物分子海量的实验数据较为适合利用深度学习模型来进行处理分析。深度学习与传统机器学习的另一个不同点为复杂的多层网络模型，可以较好地描述生物体系复杂的非线性关系。本章节将首先简单介绍神经网络与深度学习的基本模型，然后以生物代谢物分析为例讲述深度学习在生物分子上的应用。

4.2 神经网络与深度学习

4.2.1 神经网络

神经网络是模拟生物神经网络的数学模型，为机器学习的重要分支之一。生物神经网络一般为神经元和细胞等组成的网络，帮助大脑感知、思考和做出反应。大脑通过视觉、听觉、嗅觉、触觉和味觉感知周围的环境，然后对外界环境的输入信息进行分析，最后做出判断和反应。大脑如何对复杂的环境信息进行模式识别、加工和分类是十分复杂的问题。例如，如何区分汽车和轮船？如何区分菠萝和甘蔗？大脑在生活经验的积累过程中对视觉信息中标记“轮胎”的特征，通过该特征判别汽车和轮船。菠萝为球形，甘蔗为细杆状，大脑或许通过形状特征区分菠萝和甘蔗。

这些过程就是大脑通过大量信息学习训练到判断推理的过程 (图 4.4)。

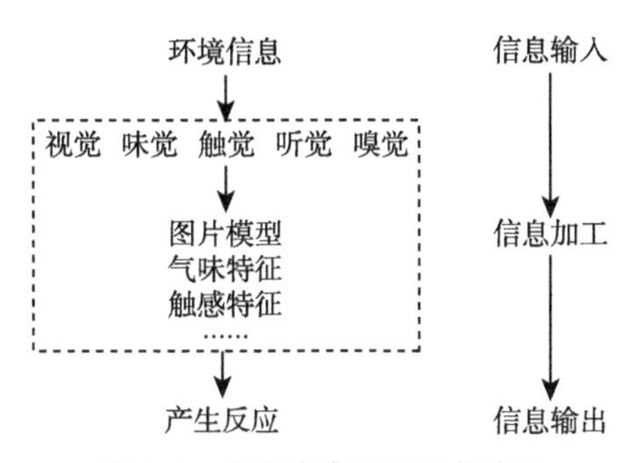

图 4.4 大脑的感知和思考过程

神经元是生物神经网络的基本组成单元。感知神经元分布于身体的各个部位，负责接收外界的刺激信息。中间神经元连接不同的神经元，负责将神经元组成网络。运动神经元则对大脑的判断做出动作输出。神经元只有当外界刺激信号达到一定的阈值时才会发生神经冲动并瞬时达到最大强度，然后神经元建立网络连接并不断调整连接强度进行信号传导 (图 4.5)。

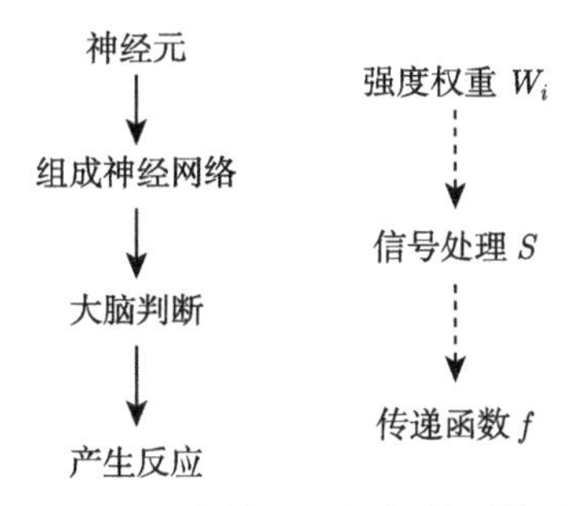

图 4.5 生物神经网络与数学模型

受生物神经网络的启发，神经网络模型从大量已知的历史数据中寻找数据特征和规律，从而可以对未知的测试数据进行分类或预测。神经网络的数学模型主要分为信号输入、信号处理和信号输出三个部分。神经网络的接收信息为 P_i，网络模型中连接边的权重为 W_i，信号处理函数为 S，传递函数为 f。简单的信号处理表达式为

$$S = P_1W_1 + P_2W_2 + \cdots + P_iW_i + \cdots + P_nW_n \tag{4-1}$$

常用的传递函数有阶梯函数、符号函数、线性函数、饱和线性函数、对数 S 形函数和双曲正切 S 形函数等数学模型 (图 4.6)，可以根据具体问题来选择合适的传递函数模型。

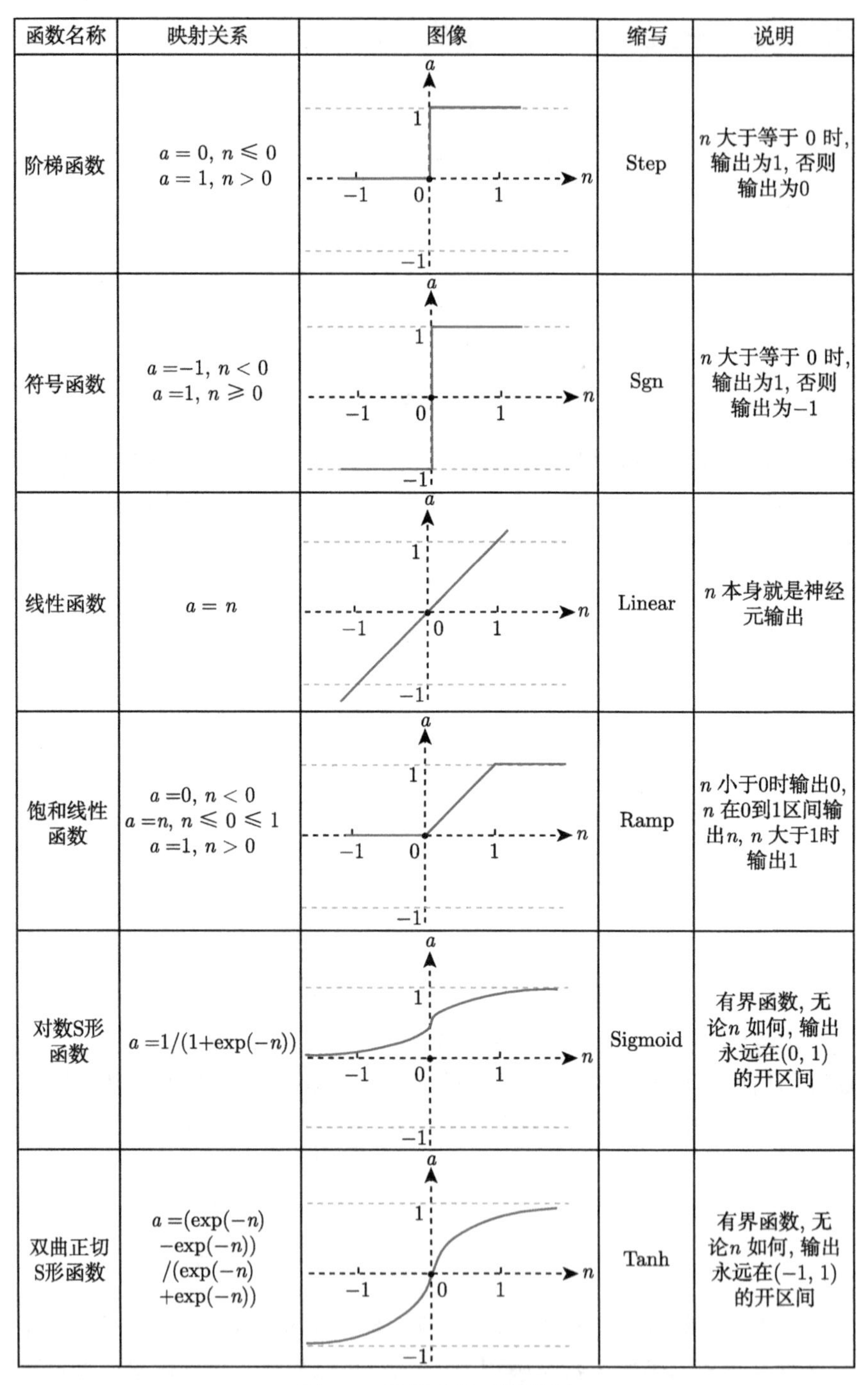

函数名称	映射关系	图像	缩写	说明
阶梯函数	$a=0,\ n \leqslant 0$ $a=1,\ n>0$		Step	n 大于等于 0 时，输出为1，否则输出为0
符号函数	$a=-1,\ n<0$ $a=1,\ n \geqslant 0$		Sgn	n 大于等于 0 时，输出为1，否则输出为−1
线性函数	$a=n$		Linear	n 本身就是神经元输出
饱和线性函数	$a=0,\ n<0$ $a=n,\ n \leqslant 0 \leqslant 1$ $a=1,\ n>0$		Ramp	n 小于0时输出0，n 在0到1区间输出n，n 大于1时输出1
对数S形函数	$a=1/(1+\exp(-n))$		Sigmoid	有界函数，无论n 如何，输出永远在(0, 1)的开区间
双曲正切S形函数	$a=(\exp(-n)$ $-\exp(-n))$ $/(\exp(-n)$ $+\exp(-n))$		Tanh	有界函数，无论n 如何，输出永远在(−1, 1)的开区间

图 4.6　常用传递函数类型

现实生活中的实际问题较为复杂，不能仅仅以几个简单的特征来进行区分和判断，需要对输入信息进行分级处理，不断抽象并得到信息的模式和规律。以图片识别为例，“特征粒度”为描述特征大小的尺度，最小粒度为单个像素。图片识别过程中需要对单个像素进行组合，按照像素、边、角和轮廓、整体对象的顺序不断抽象才能进行有效的识别。图 4.7 为简单的图片识别示意图，苹果是红色的，香蕉是黄色的，不能简单地认为红色的都是苹果，还需要引入形状、味道等其他特征才能做出正确的判断，区分苹果和香蕉。再例如区分两块木板，如果选取的特征都为最小的单元，则两块木板上观察到的都是相同的碳原子，无法对两块木板做出区分。城市中的医院、学校、商场等大部分建筑都是由水泥、砖块的基本结构组成，这些砖块水泥就是浅层特征，它们组成混凝土构件，混凝土构件为更高一层级的特征。文章主要由句子组成，句子由词组组成，词组由单词组成，文章想表达的意思就是所有句子表达出的情感的汇总。特征抽象的层次越高，存在的可能性越少，更加适合分类。选取合适的结构性特征后，神经网络模型可以对目标进行合理的区分和判断。

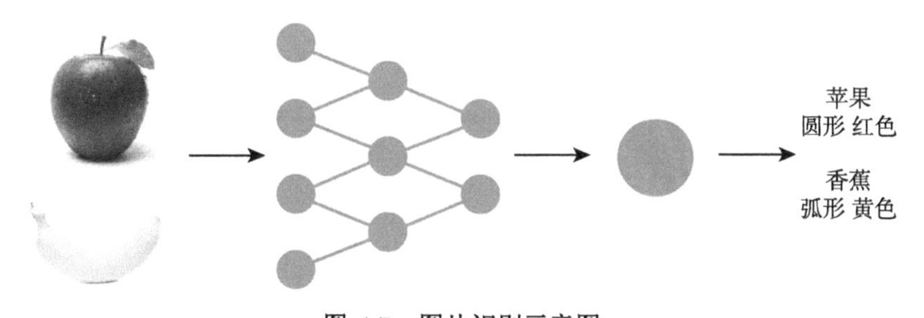

图 4.7 图片识别示意图

4.2.2 单层神经网络

1958 年，计算科学家 Rosenblatt 提出了感知机 (perceptron)，该模型是最简单的神经网络模型，也是神经网络构建的基础。图 4.8 为感知机的基本模型：感知机接收若干个信号输入特征，经连接权重 W_i 调整后再通过信号处理程序，最后通过传递函数进行判断。信号处理与传递函数的数学表达式为

$$\begin{gathered} S = P_1W_1 + P_2W_2 + \cdots + P_nW_n + b * 1 \\ f(S) = 1 \text{ 或 } -1 \end{gathered} \tag{4-2}$$

图中 P_i 为输入信息特征，S 为信号处理函数，f 为传递函数，Y 为输出结果，W_i 为边的连接权重。单层神经网络模型可以通过训练集输入信息，训练连接权重 W_i 等模型参数，使预测结果尽量接近真实值，有较高的正确率。

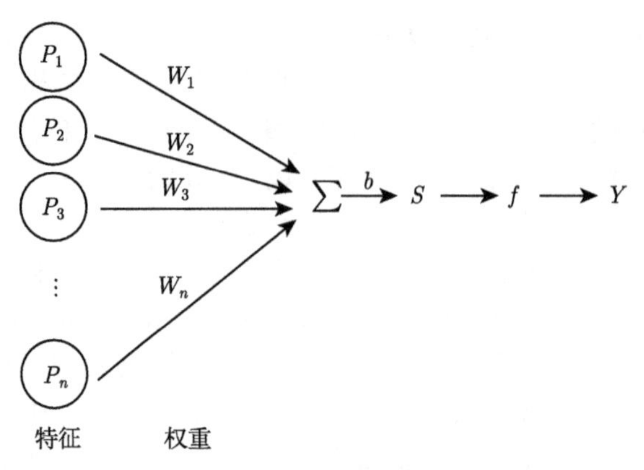

图 4.8　感知机模型

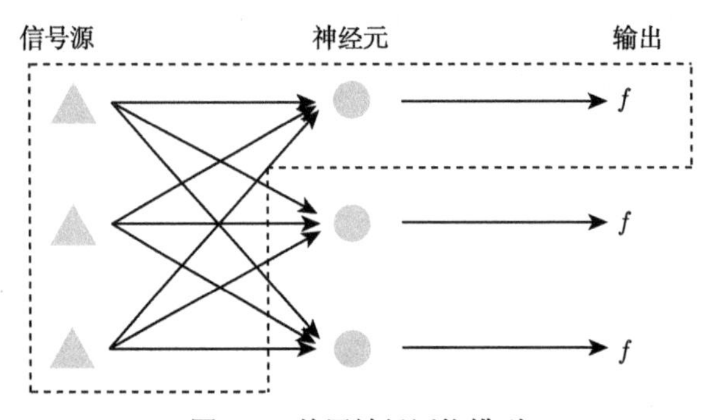

图 4.9　单层神经网络模型

神经网络模型的计算步骤主要为：

1. 初始化连接权重 W_i 和偏置 b，一般随机产生且绝对值小于 1；

2. 输入第一个样本的特征 (P_1，P_2，P_3，$\cdots$，P_n)；

3. 计算预测结果 $y = f(S) = f\left(\sum_{i=1}^{n} W_i P_i + b\right) = f\left(\sum_{i=0}^{n} W_i P_i\right)$ (以 $b = W_0$，P_0=1 为例)；

4. 计算误差 e=Y(真实值)$-y$(预测值)；

5. 调整连接权重 W_i 和偏置 b

$$W_{0\,\text{new}} = W_{0\,\text{old}}(b) + e * P_0$$

$$W_{1\,\text{new}} = W_{1\,\text{old}} + e * P_1$$

$$\vdots$$

$$W_{i\,\text{new}} = W_{1\,\text{old}} + e * P_i$$

$$\vdots$$

$$W_{n\,\text{new}} = W_{n\,\text{old}} + e * P_n;$$

6. 将更新的连接权重 W_i 和偏置 b 代入 $y=f\left(\sum_{i=0}^{n}W_iP_i\right)$

若 $e=Y-y=0$，则停止更新 W_i 和 b，

若 $e=Y-y\neq 0$，则重复 3~6 步，直到 $e=0$；

7. 输入其他样本的特征 (P_1，P_2，P_3，$\cdots$，P_n) 并重复步骤 3~6；

在实际应用过程中，当连接权重的更新低于设定的阈值或者错误率达到设定的阈值时结束循环。

单层神经网络模型较为简单，但可以处理简单的“与”和“或”等逻辑判断问题，实用性较强。

例如，“与”问题的判断 (图 4.10)，P_1 与 P_2 两者都是 1 输出才为 1，具体为

若 P_1=0，P_2=0，输出为 0；

若 P_1=1，P_2=0，输出为 0；

若 P_1=0，P_2=1，输出为 0；

若 P_1=1，P_2=1，输出为 1。

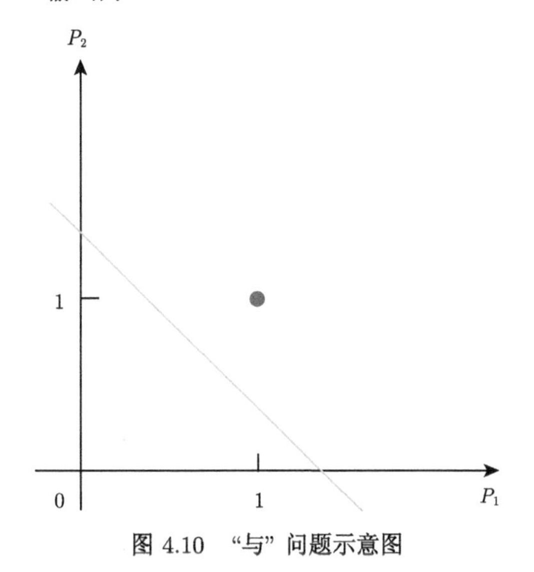

图 4.10　“与”问题示意图

“或”问题的判断 (图 4.11)，P_1 与 P_2 两者任意一个为 1 则输出为 1，具体为

若 P_1=0，P_2=0，输出 0；

若 P_1=1，P_2=0，输出 1；

若 P_1=0，P_2=1，输出 1；

若 P_1=1，P_2=1，输出 1。

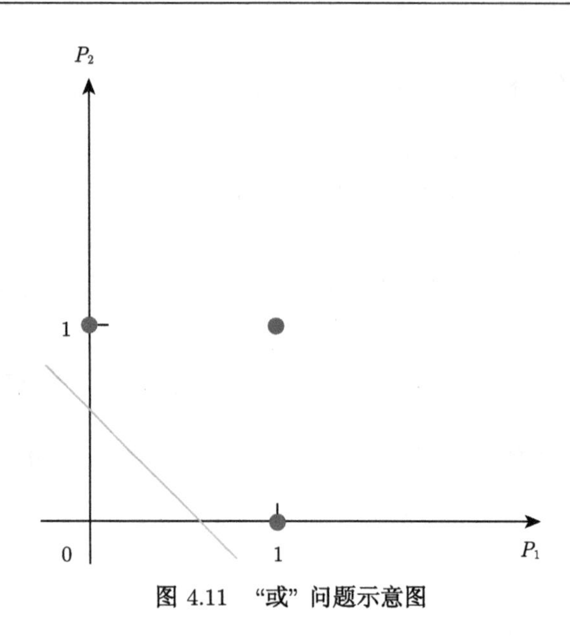

图 4.11　"或" 问题示意图

但是，单层神经网络模型不能较好地处理 "异或" 等较为复杂的逻辑判断问题 (图 4.12)。例如，P_1 与 P_2 两者数值相同输出为 0，两者数值不同输出为 1，具体为：

若 $P_1=0$，$P_2=0$，输出 0；

若 $P_1=1$，$P_2=0$，输出 1；

若 $P_1=0$，$P_2=1$，输出 1；

若 $P_1=1$，$P_2=1$，输出 0。

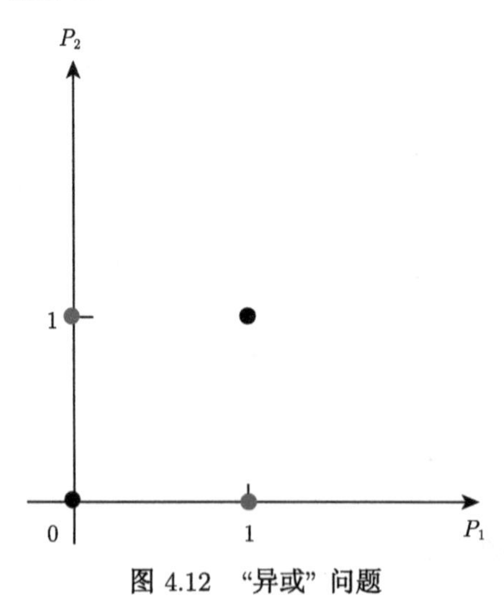

图 4.12　"异或" 问题

另外，单层神经网络的输入信息 P_i 中如果存在过大或者过小的数值，则收敛较慢，需要花费较长的计算时间。

4.2.3 多层神经网络

神经网络的目标是利用一组合适的模型和参数表征输入信息中的参数特征，从而对输入信息进行分类或预测。以图片识别的简单分类任务为例，输入信息为水仙花的图片，期望的正确输出结果是花的名称。单层神经网络模型可以通过植物花卉的图片特征，得到图片为花的输出结果。但是，单层神经网络仅使用输入信息中的图片像素对图片进行识别，较难对图片中的具体特征进行抽象识别，不能判断具体的植物花卉品种。多层神经网络模型较好地解决了单层神经网络不能对输入信息进行抽象处理的瓶颈问题，可以在每一层学习不同的图片特征。例如，第一层通过图片的像素信息学习线条的基本走向；第二层通过线条的基本走向抽象出具体的几何图形 (如三角形、圆形等)；第三层组合图片中的几何图形进一步识别抽象特征。多层神经网络通过不断的抽象学习，从而可以对图片进行准确的识别和判断 (图 4.13)。

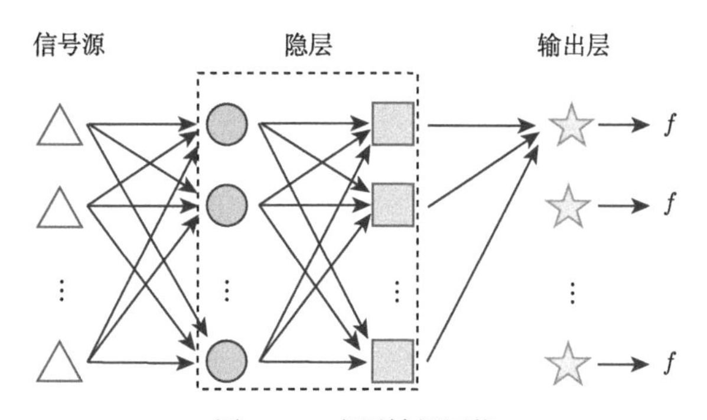

图 4.13 多层神经网络

多层神经网络是前馈神经网络模型，可以被看作为一个由多个节点层组成的有向图，每一层全连接到下一层，映射一组输入向量到一组输出向量。除了输入节点，每个节点都有非线性激活函数的神经元。在多层神经网络模型中，上一层的输出只能作为下一层的输入信息，不能跨层连接。多层神经网络包括输入层、隐藏层及输出层，输入层负责接收输入信息并分发到隐藏层，隐藏层负责计算并输出结果到输出层。计算单元可以有若干个输入信息，耦合多个节点的输入信息后得到一个输出结果。

例如，有两个数据输入信息 P_1 和 P_2，分别为 00，01，10 和 11，传递函数 f 为 Step 函数，连接权重 W 和偏置 b 如图 4.14 所示，则第一层上侧为

$$S = 2P_1 + 2P_2 + 1 \times -1 = 2P_1 + 2P_2 - 1 \tag{4-3}$$

P_1 \ P_2	0	1
0	$S=-1\quad f(-1)=0$	$S=1\quad f(1)=1$
1	$S=1\quad f(1)=1$	$S=3\quad f(3)=1$

第一层下侧为

$$S=-2P_1-2P_2+1\times 3=-2P_1-2P_2+3 \tag{4-4}$$

P_1 \ P_2	0	1
0	$S=3\quad f(3)=1$	$S=1\quad f(1)=1$
1	$S=1\quad f(1)=1$	$S=-1\quad f(-1)=0$

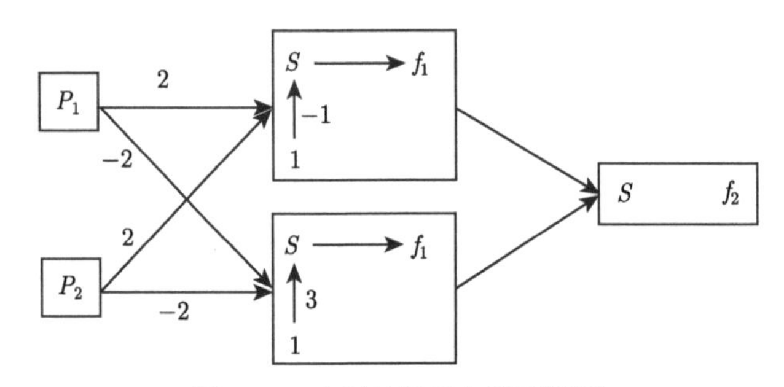

图 4.14　多层神经网络模型举例

同时满足第一层上侧和下侧的条件后，则

若 P_1=0，P_2=0，输出 0；

若 P_1=1，P_2=0，输出 1；

若 P_1=0，P_2=1，输出 1；

若 P_1=1，P_2=1，输出 0。

多层神经网络模型加入隐藏层的概念后，可以较好地处理“异或”等较为复杂的具体问题。上例中的连接权重 W 和偏置 b 均为定值，隐藏层和节点数较少，当层数和节点数较多时，更新连接权重等神经网络的模型参数需要较多的计算时间。

多层神经网络中只含一层隐藏层的模型为浅度学习模型，包含两层或两层隐藏层以上的模型为深度学习模型。浅层学习只有一层隐藏层，较容易确定连接权重等模型参数。深度学习中包含多个隐藏层，在特征选取、隐藏层数目确定、单层训练等方面较为复杂，但可以解决很多浅度学习无法解决的实际问题。例如，图片主要由基础的线条组成，线条再组合成目标的局部，再组合成目标物体。而浅层学习中，由于隐藏层层数只有一层，如果要从基础线条中识别出花卉、人脸、飞机、老虎等需要不断的手工更改参数，然后训练很多次，而且训练出的结果可能只能识别人脸和飞机，老虎和其他的图片可能识别不出来。如果想识别出老虎，则可能需要再改参数，进一步增加训练数据，如果还有大小样子不一的老虎，则需要更多的训练数据。因此，浅层学习在图片识别中需要调整较多的参数，需要大量的训练样本和经验。

4.2.4 反向传播算法

多层神经网络可以逐层抽象学习并识别输入信息中的特征，从而对输入信息进行准确分类或预测。如何选择合适的模型参数是多层神经网络建立的关键问题。反向传播算法 (Backpropagation) 是一种训练多层神经网络的方法，较好地解决了模型参数选择等的问题。反向传播算法是误差反向传播的简称，一般与梯度下降法等最优化方法结合使用，是神经网络模型常用的训练方法。反向传播算法的学习过程主要由信号正向传播和误差反向传播组成。

在信号的正向传播过程中，输入信息由输入层传入，通过隐藏层逐层处理并传向输出层。如果输出层的输出值与期望值误差较大，则通过误差的反向传播进行调整。在误差的反向传播过程中，输出层的输出值与期望值的误差作为信号，通过隐藏层反向逐层传播，逐层求出目标函数对各神经元权值的偏导数，构成目标函数对权值向量的梯度，作为修改权值的依据。信号正向传播和误差反向传播不断循环，直到误差达到预先设定的目标范围时结束训练。

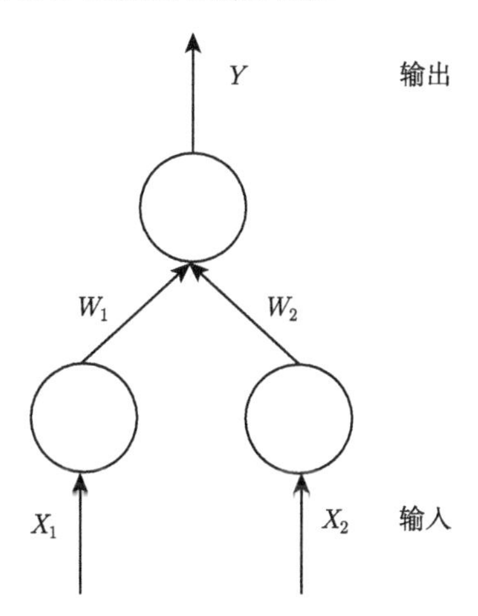

图 4.15 简单神经网络模型示意图

本节以只含有输入层和输出层的简单神经网络模型为例解释反向传播算法的基本思路。图 4.15 为该神经网络模型示意图，反向传播算法的具体训练步骤如下：(1) 生成该神经网络的训练集，训练集包含若干输入值 (X_1 和 X_2) 与期望值

(T) 的组合；(2) 随机分配神经网络的权重 (W_1 和 W_2)；(3) 输入一组训练信息 (例如 X_1=5，X_2=5，T=0) 位并计算得到输出结果 (Y)；(4) 正确的输出结果应为 0，如果输出结果不为 0，计算输出结果 (Y) 与正确期望值 (T) 之间的误差 E，常用的误差计算公式为

$$E = (T - Y)^2 \tag{4-5}$$

(5) 根据误差 E 计算和更新神经网络中的权重 (W_1 和 W_2)；(6) 不断循环，直到误差小于预先设定的误差范围为止。

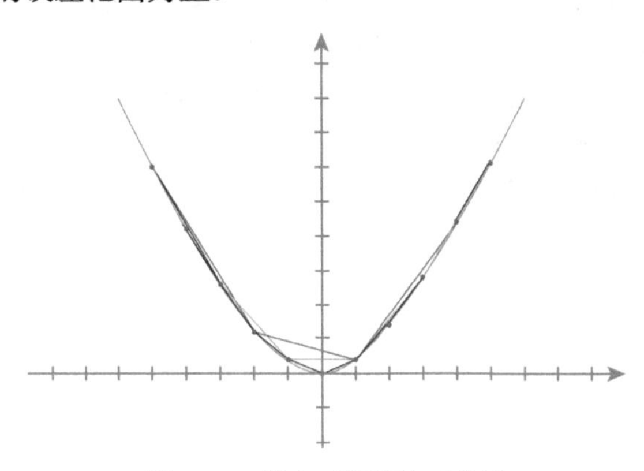

图 4.16　梯度下降算法示意图

反向传播算法的目的是找到一组能最大限度地减小误差的权重。梯度下降法 (图 4.16) 可以快速找到函数的局部极小值，是反向传播算法中的常用方法，也是生物分子其他问题研究的常用方法。以蛋白质折叠的自由能曲面研究为例，如果知道蛋白质折叠的整个自由能曲面，可以通过肉眼立即发现自由能较低的区域。但是，如果只知道自由能曲面的局部信息，则需要以位置为基准，寻找下降最陡的方向。反复计算多次后，最终可以找到极小值。反向传播算法与此类似，可以通过微分得到误差曲面的斜率，快速降低误差。Sigmoid 函数是反向传播算法中常用的激活函数，为单增的 S 形函数 (图 4.17)。

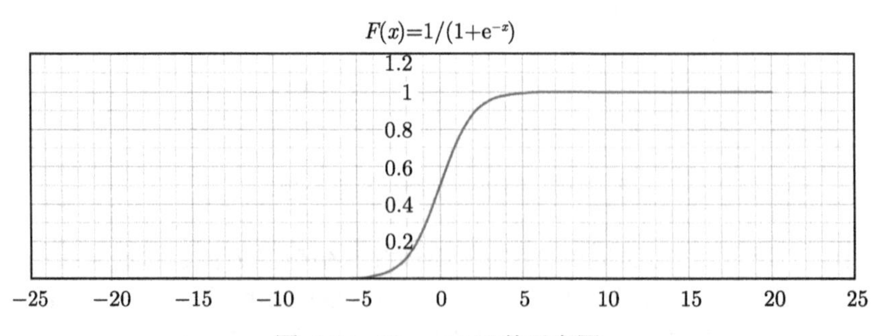

图 4.17　Sigmoid 函数示意图

反向传播算法存在一些问题：(1) 误差曲面中存在全局极小和局部极小等很多极值点，随机值初始化极易出现收敛到局部极小的情况；(2) 训练过程中梯度越来越稀疏，误差的校正信号越来越小，收敛速度缓慢；(3) 一般只能用有标签的数据进行训练，对于大部分没有标签的数据训练效果不好；(4) 对于层数较多的模型，反向传播算法较难得到精确的训练结果，传播时容易出现梯度扩散的现象；(5) 难以确定隐藏层的数目和隐藏层节点个数。尽管反向传播算法存在一些问题，该方法还是有推导过程严谨、依据可靠、通用性较好的优点，被广泛使用。

4.2.5 常用的深度学习模型

4.2.5.1 受限玻尔兹曼机

玻尔兹曼机 (Boltzmann machine) 是源于物理学的能量函数的建模方法，由杰弗里·辛顿 (Geoffrey Hinton) 和特里·谢泽诺斯基 (Terry Sejnowski) 在 1985 年发明，是较早的能够描述变量相互作用的随机神经网络。分子在高温中能够克服静电力等相互作用局部约束从而发生剧烈的振动，在温度的逐步降低过程中，分子会慢慢稳定并形成较为规律的结构。因此，低能态为稳定的状态。能量函数的引入使求极值变成一个求稳态的问题，大多数概率分布都可以转化为能量模型求解，先定义一个合适的能量函数，然后得到基于能量函数的变量的概率分布。玻尔兹曼机的主要内容有：

(1) 概率分布函数。由于网络节点的取值状态是随机的，描述整个网络需要用“联合概率分布、边缘概率分布和条件概率分布” 来描述系统。

(2) 能量函数。能量函数可以描述整个系统的状态，概率集中表示系统较为有序，系统的能量较小。反之，概率均匀分布表示系统较为无序，系统的能量较大。因此，能量函数的最小值对应于系统的最稳定状态。

玻尔兹曼机为带权重的全连接无向图，在实际问题的求解中，无连接约束的玻尔兹曼机效果较差。连接受到适当限制的受限玻尔兹曼机模型有较好的训练和学习效果，能解决较多的实际问题。

受限玻尔兹曼机是玻尔兹曼机的一种变形模型，由可见层、隐藏层和偏置层组成，层间全连接，层内无连接，具体为：可见层与隐藏层中的可见节点与隐藏节点之间存在连接，该连接可双向传播，隐藏节点之间及可见节点之间不存在连接。

在标准的受限玻尔兹曼机模型中，可见层和隐藏层的神经元都用二进制表示，神经元的激活值服从伯努利分布。可见层节点和隐藏层节点有两种状态，激活态的取值为 1，非激活态的取值为 0。可见层与隐藏层节点的分布函数可以计算节点的激活概率，受限玻尔兹曼机模型使用激活状态的节点 (数值为 1 的节点)，不使用非激活状态的节点 (数值为 0 的节点)。

图 4.18 为受限玻尔兹曼机模型示意图，上层为神经元组成的隐藏层，h 为隐

藏层神经元的取值，下层为神经元组成的可见层，v 为可见层神经元的取值。连接权重用矩阵 W 表示。受限玻尔兹曼机模型不区分连接的方向，可见层的状态可以作用于隐藏层，隐藏层的状态也可以作用于可见层。可见层偏移量 (偏置阈值) 为 b，隐藏层偏移量为 C。这些参数组成了基本的受限玻尔兹曼机模型，将 m 维的样本编码转化为 n 维的样本。

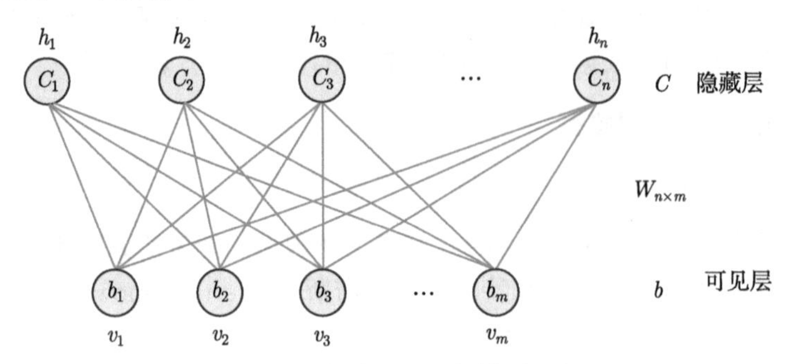

图 4.18　受限玻尔兹曼机模型示意图

受限玻尔兹曼机模型中可见变量 v 和隐藏变量 h 的能量为

$$E(v,\ h;\ \theta) = -\sum_{ij} W_{ij} v_i h_j - \sum_i b_i v_i - \sum_j c_j h_j \tag{4-6}$$

v 与 h 的联合概率分布为

$$P_\theta(v,h) = \frac{\mathrm{e}^{-E(v,h;\theta)}}{Z(\theta)} \tag{4-7}$$

其中，$Z(\theta)$ 是为配分函数的归一化常数

$$Z(\theta) = \sum_{v,h} \mathrm{e}^{-E(v,h;\theta)} \tag{4-8}$$

$$P_\theta(v,h) = \frac{\mathrm{e}^{\sum\limits_{ij} W_{ij} v_i h_j + \sum\limits_i b_i v_i + \sum\limits_j c_j h_j}}{Z(\theta)} \tag{4-9}$$

最大化观测数据的似然函数 $P(v)$ 由 $P(v,h)$ 对 h 求 h 的边缘分布得

$$P_\theta(v) = \frac{\sum\limits_h \mathrm{e}^{v^T W h + c^T h + b^T v}}{Z(\theta)} \tag{4-10}$$

最大化 $P(v)$ 等同于

$$\log P(v) = L(\theta) \tag{4-11}$$

$$L(\theta) = \frac{\sum\limits_{n=1}^{N} \log P_\theta(v^{(n)})}{N} \tag{4-12}$$

第 j 个隐藏单元的激活概率为

$$P(h_j=1|v)=\frac{1}{1+\mathrm{e}^{-\sum\limits_i W_{ij}v_i-c_j}} \tag{4-13}$$

第 i 个可见单元的激活概率为

$$P(v_i=1|h)=\frac{1}{1+\mathrm{e}^{-\sum\limits_j W_{ij}h_j-b_i}} \tag{4-14}$$

受限玻尔兹曼机是较为高效的训练算法，有广泛的用途[39−41]：可以对输入数据进行编码，通过训练学习对数据进行分类；计算偏置量和权重矩阵，对神经网络进行初始化训练。受限玻尔兹曼机可以计算联合概率 $P(v,h)$，作为生成模型使用。例如，v 为训练样本，h 为类别标签，可利用贝叶斯公式计算 $P(h|v)$，从而对数据进行分类。受限玻尔兹曼机也可以直接计算条件概率 $P(h|v)$，作为判断模型使用。例如，v 为训练样本，h 为类别标签，直接对数据进行分类。

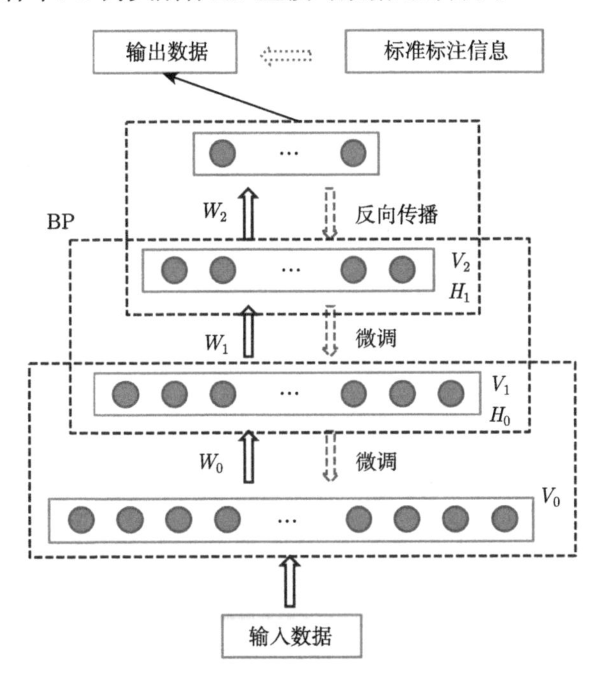

图 4.19 深度置信网络训练示意图

深度置信网络 (Deep Belief Networks) 由多个受限玻尔兹曼机堆叠而成 (图 4.19)，上一个受限玻尔兹曼机的隐藏层为下一个受限玻尔兹曼机的可见层，上一个受限玻尔兹曼机的输出即为下一个受限玻尔兹曼机的输入。深度置信网络逐层训练，训练过程中需充分训练上一层的受限玻尔兹曼机后才能训练当前层的受限玻尔兹曼机。与传统的神经网络模型相比，深度置信网络可有效解决因随机初始化权值参数而陷入局部最优和训练时间较长的问题。

4.2.5.2　卷积神经网络

卷积神经网络 (Convolutional Neural Networks, CNN) 是一类包含卷积计算且具有深度结构的前馈神经网络，能较好地处理图像和语音识别的问题，是深度学习的常用算法之一 [42−45]。

神经网络获得输入数据后，将通过隐藏层对数据进行转换，每层隐藏层由一组与上层全连接的神经元组成，单层的神经元没有连接，最后对数据进行分类并输出分类值。常规的神经网络模型处理图像或语音识别问题需要非常多的神经元与参数，需要较多的结构空间与计算时间。卷积神经网络的主要组成部分有：数据输入层 (Input layer)、卷积层 (Convolutional layer)、池化层 (Pooling layer 或子采样层 Subsample layer) 和全连接层 (FC layer 或输出层)。卷积神经网络可以在保留原有图像所有细节的情况下对维度进行降维处理，从而可以更好地处理图像和语音识别的具体问题 (图 4.20)。

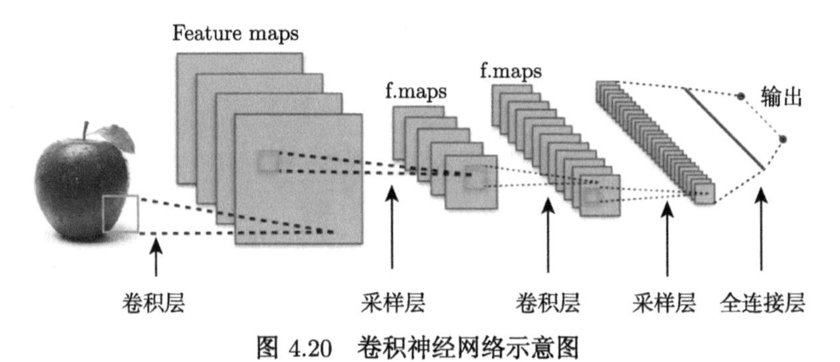

图 4.20　卷积神经网络示意图

输入层主要是对输入的图片等数据进行处理，卷积神经网络可以较好地处理多维数据。例如在图片识别的过程中，卷积神经网络需要处理图片的二维像素点和像素的颜色。大多数图片识别的应用中，卷积神经网络都预设了图片二维像素点和 RGB 通道的三维数据。

卷积层主要是提取输入数据的不同特征，对输入数据应用若干过滤器，多个过滤器可以分别探测出不同的特征。在图片识别的应用中，第一层卷积层可能只提取边缘、线条等低级的图片特征，更加复杂的图片特征可以在上一层的低级特征中进一步抽象提取。

池化是卷积神经网络中的重要概念，主要用来缩减输入数据的规模。例如，输入一个 4×4 的图像，并通过一个 2×2 的子采样，那么可以得到一个 2×2 的输出图像，这意味着原图像上的 4 个像素合并成为输出图像中的一个像素。实现子采样的方法有很多种，常见的有最大值合并、平均值合并及随机合并，其中“最大池化”最为常见。它是将输入的图像划分为若干个矩形区域，对每个子区域输出最大值。最大池化在发现一个特征之后，它的精确位置远不及它和其他特征的相对位置的关系重要。池化层会不断地减小数据的空间大小，因此参数的数量和计算量也会下降，一定程度上也控制了过拟合的发生。图 4.21 为 4×4 的输入图像，用 2×2 的最大池化，分别在不同的 2×2 元素中提取出 5、9、4 和 6 的特征，减小了 75%的数据量。

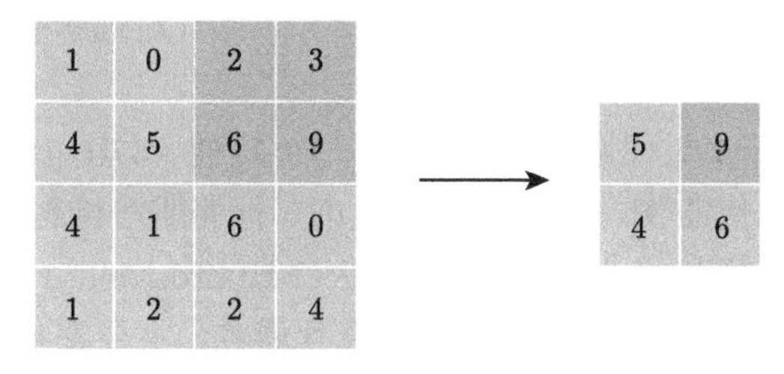

图 4.21 池化过程示意图

全连接层主要是连接所有的特征，将输出值传递给 softmax 等分类器，得到最后的分类结果。

卷积神经网络的主要思想是将完整的输入信息分成若干个子采样层进行采样，然后将提取的特征和权重值作为输入参数，传导到下一层，充分利用了权值共享、特征分区提取、时间或空间采样规则等方法。隐藏层的参数个数和隐藏层的神经元个数无关，只与卷积核的大小和卷积核种类的多少有关。隐藏层的神经元个数和图像输入单元大小、卷积核大小和卷积核在图像的步长有关。卷积神经网络是物理意义不十分明确的“黑盒模型”，需要大量的样本对参数进行测试，但有输入图像与网络拓扑结构吻合度高、无需事先定义提取特征、特征分类效果较好等优点，广泛被用于图片识别、语音识别和其他基础研究。生物医学研究过程中需要对器官、组织、细胞等进行计算机断层扫描、质谱成像或组织病理学成像分析。卷积神经网络可以分析生物医学成像结果，对标记进行分类和病理学诊断，揭示隐藏的生物学和病理学以及药物作用机制 [46]。

4.3 生物代谢物分析研究

代谢物 (metabolite) 也称为中间代谢物，是指通过代谢过程产生或消耗的物质，一般是生物大分子的前体及其降解产物，代谢过程中在酶作用下生成或转变的小分子化合物也称作代谢物。基因组学和蛋白质组学是分别从基因和蛋白质层次研究细胞、组织或生物体蛋白质组成及其变化规律的科学。近年来的研究表明，细胞内许多生命活动发生在代谢物层次，例如催化反应、能量传递、细胞通信和细胞信号释放等都受代谢物调控。基因组学和蛋白质组学可以描述什么可能会发生，而代谢组学则描述什么确实发生了。常见的代谢组学数据库主要有人类代谢物组数据库 (Human Metabolome Database，HMDB)[47−49]、酵母代谢物组数据库 (Yeast Metabolome Database，YMDB)[50,51]、大肠杆菌代谢物组数据库 (*E. coli* Metabolome Database，ECMDB)[52,53]、拟南芥代谢物组数据库 (AraCyc)[54,55]，以及尿代谢物组数据库 [56]、脑脊液代谢物组数据库 [57] 和血清代谢物组数据库 [58] 等。生物代谢物分析结合基因组学和蛋白质组学研究，对理解生物学机理和药物研究等有重要的意义。

例如，图 4.22 为 3 类代谢物分子：1-甲基组氨酸 ($C_7H_{11}N_3O_2$) 为组氨酸或其衍生物，属于内源性代谢物，主要存在于肌肉、骨骼肌等结构中，与肾脏疾病、2 型糖尿病、肥胖等疾病有关 [59]；2-羟基丁酸 (2-Hydroxybutyric acid，$C_4H_8O_3$) 是衍生自 α-酮丁酸酯的有机酸，也属于内源性代谢物，主要在哺乳动物肝组织中产生，与精神分裂症、阿尔茨海默病和结直肠癌等疾病有关 [60,61]；2-脱氧尿苷 (Deoxyuridine，$C_9H_{12}N_2O_5$) 是在 DNA 合成过程中被转化为三磷酸脱氧尿苷的代谢物，与胸苷磷酸化酶缺乏症、结直肠癌、克罗恩病和溃疡性结肠炎等疾病有关 [62−65]。

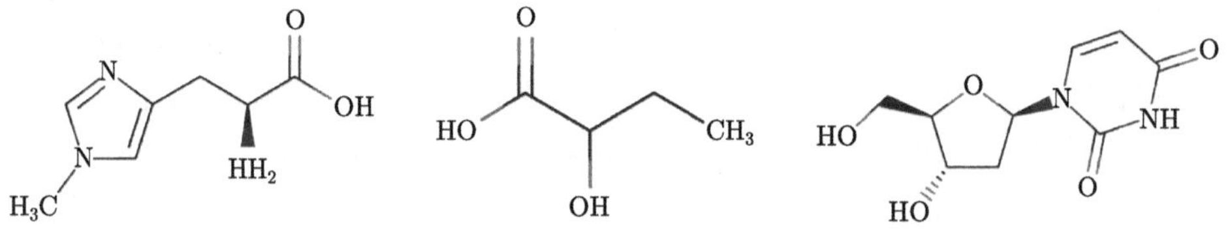

图 4.22　代谢物分子示意图。依次为 1-甲基组氨酸，2-羟基丁酸和 2-脱氧尿苷

生物代谢物分析可以提供衡量健康标准的相关数据，解释疾病的分子机理，有助于疾病诊断和治疗应用。质谱分析是一种测量离子质荷比 (质量–电荷比) 的分析方法，其基本原理是使待测物在离子源中发生电离，生成不同荷质比的带电离子。带电离子经加速电场的作用，形成离子束后进入质量分析仪。带电离子在质量分析仪中通过电场和磁场发生相反的速度色散，分别聚焦而得到质谱图，从而确定带电离子的质量。生物质谱分析利用质谱分析技术测量蛋白质、核苷酸、糖类和代谢产物等生物分子的分子量，并可以提供分子的结构信息。进一步，可以对存在于生命系统中的微量小分子活性物进行定性或定量的分析。高分辨率质谱 (HRMS) 技术的发展使质谱分析的分子研究可以扩展到蛋白质和代谢物，描述生物系统中生理过程的动态响应过程，确定和监控生物通路的关键生物过程。

近几年，高分辨率质谱将分子研究扩展到细胞群体和单细胞的研究。其中，纳米液相色谱 (nanoLC) 技术可利用高分辨率质谱识别、量化和分离多种代谢产物、多肽和蛋白质。例如，该技术从南非爪蛙 (*Xenopus laevis*) 的整个胚胎中检测分离出 11 000 种蛋白质 [66]；从胰岛的 2000~4000 个细胞中检测分离出 2000 种蛋白质 [67]；从 500 个乳腺癌细胞中检测分离出 167 种蛋白质 [68]；从 100 种 HeLa(宫颈癌) 细胞中检测分离出 109 种蛋白质 [69]；从解剖的整个爪蛙细胞中检测分离出 4000 种蛋白质 [70]；并可以对单个软体动物 [71,72] 和节肢动物神经元 [73] 以及哺乳动物垂体和胰岛细胞 [71] 中的神经肽进行表征。美国乔治华盛顿大学化学系 Peter Names 教授研究组开发了基于毛细管电泳 (CE) 的专用微分析平台，可以使用高分辨率质谱分离和检测 60amol(attomole，10^{-18} 摩尔) 代谢物 [74,75]，210 zmol 肽 (zeptomole，10^{-21} 摩尔) [76] 和 1 zmol 蛋白质 [77]。基于超灵敏的 CE HRMS 技术分析可以分析 0.1%~1% 的单细胞含量，用以表征代谢和基因表达：在海兔 [78] 和鼠大脑 [79,80] 中枢神经系统的单个神经元中识别出 35 种代谢产物，在单个海兔神经元中识别出 15 种内源性核苷酸序列 [81]，在南非爪蛙的单个胚胎细胞中识别出 70 种代谢物和 2100 种不同的蛋白质群 [76,82]。研究表明，神经科学和细胞发育生物学的重要模型中细胞和细胞表型之间有惊人的差异，早期胚胎发育过程中可能有能够改变细胞正常发育命运的小分子 [74]。

然而，从组织活检、小细胞群体或单个细胞中提取的微量物质产生的信噪比 (SNR) 比传统研究中所预期的要低。如何从复杂的高分辨率质谱信号中提取微弱信号 (质量–电荷比、分离时间和丰度等) 是目前技术上的难点问题，极大限制了高分辨率质谱的应用。传统方法通过大量的组织或细胞来放大信号强度，但较难检测瞬时峰。半经验半自动化的方法可以有效避免目前存在的问题 [80]，但该方法仅适用于较小的数据，很难扩展到大尺度范围的系统研究。因此，为了使高分辨率质谱获得更高的效率和适应性，亟需有效分析高分辨率质谱微弱信号的方法。

近年来，XCMS [83,84]、Metabox 和 MetaboAnalyst[85] 等方法已经可以初步处理复杂的高分辨率质谱信号。在质谱信号数据降噪处理中，可以通过平移信号窗口 [86]、中值滤波 [87] 或小波变换 [88] 等方法来测量提取离子色谱图的分子特征。进一步，可以通过 VIPER[89]、OpenMS[90]、MZmine[91]、矢量化峰检测 [87] 和 XCMS[83] 等方法检查 m/z 或时间维数，以找到合适的色谱峰 (如高斯峰) 和信噪比 (SNR)。LCMS-2D[92] 和 MapQuant[93] 等方法也可以同时测量信号检测的 m/z 和时间空间。然而，SNR 阈值的选取需要额外的信号探测特征信息，如高斯相似性、信号宽度和形状等 (例如，噪声或锯齿波)。另一方面，在 m/z 的分析中，弱信号可能被分割，并与类似丰度的化学或电子噪声的其他信号合并。EICs 通过考虑给定 m/z 值的分离时间 (t)，还原弱信号。然而，该方法将数据分析限制在预定义的 m/z 和分离时间 (分子特征) 的信号上，仍然无法识别信噪比相对较低的信息。例如，信噪比相对较低的弱信号在六个常用的特征 (锯齿形、高斯相似性、信噪比、显著性、TPAR 和锐度)[94] 的信号和背景噪音 (假信号) 有广泛的重叠分布。半经验半自动化方法可以分析其中的弱信号差别 [74,75,80,82]，但效率太低，且对分析人员有较高的专业要求。

深度学习的图片识别技术在医学图像分析 [95]、病理学 [96]、天体物理学 [97]、生物学 [98] 和高分辨率质谱 [99] 等领域有许多成功的应用。本小节将着重讲述深度学习的生物代谢物分析模型。首先，将高分辨率质谱测量的三维信息，即 m/z、分离时间 (t) 和信号丰度 (峰面积或峰高度) 转化为二维图像 $(m/z, t)$。然后，利用深度卷积神经网络模型对二维图像进行模式识别与学习。最后，利用基于深度学习的生物代谢物分析模型对高分辨率质谱数据进行预测与分析。

4.3.1 基于深度学习的代谢物分析模型

基于深度学习的生物代谢物分析模型分为两个模块：预处理模块和深度学习模块。预处理模块的主要目的是识别潜在信号的位置 $(m/z, t)$，以便进行目标检测，加快数据处理的速度。在此过程中，对质心 MS 数据进行处理，构造一系列一维 EICS，用连续小波变换 (CWT) 进行筛选，在 $(m/z, t)$ 空间中定位每个潜在信号的中心。深度学习模块提取潜在信号的图像进行评估，从而得到一个分子特征列表 (具有不同的 m/z 和 t 值的信号)，每个特征对应于一个潜在的代谢物。两个模块的具体细节下文介绍。

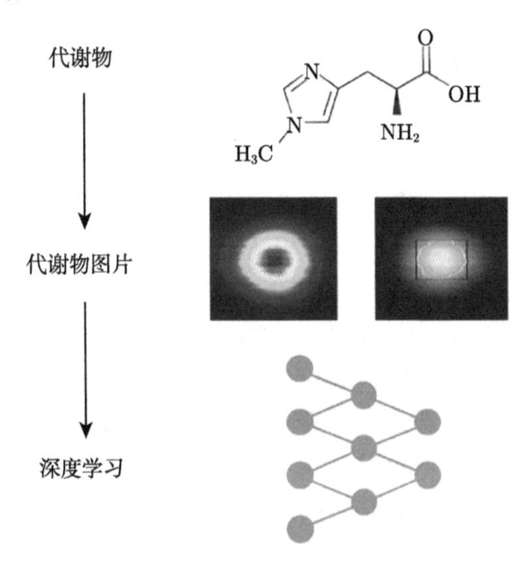

图 4.23 基于深度学习的代谢物分析示意图

4.3.1.1 预处理模块工作流程

信号初步筛选。利用连续小波变换 (CWT) 对潜在信号进行初步筛选，可快速找到信号位置 (m/z 与 t 值)。该方法首先将质谱信号数据从 $(m/z, t)$ 空间投影到

t，得到一组离散值。对于每个质心 $(m/z)_0$，可以选择 $((m/z)_0 - \Delta w, (m/z)_0 + \Delta w)$ 范围内的最大强度作为 $(m/z)_0$ 的强度。然后，再不断调整截断值的选取，获得更多的潜在信号数据。

信号图像提取。该步骤主要使用平移滑动窗口的方法提取质谱信号数据的信号强度。滑动窗口大小为 12×60 像素图的信号图像，范围为 0.002da 和 0.5s 的信号数据。可以根据信号图像的特征快速判断分子周围的化学空间特征。平移滑动窗口中的化学信号图谱大小和形状的差异性较大，进一步利用 OpenCV 对化学信号进行分割和特征识别。

4.3.1.2 深度学习信号识别

训练集的产生。标准训练集的生成和选取是深度学习等方法的必要条件。训练集收集了爪蛙胚胎的单个背侧 (D11) 细胞的单细胞 CE-ESI-HRMS 实验数据，具体的实验技术细节在文献 [74,82] 中有详细的介绍。本节从 3 个不同的样本中收集获得了 4546 幅潜在信号图像：其中 1464 个信号图像为代谢物信号 ($(m/z$，$t)$ 值为 “1”，在相应的 MS 数据中代表一个真实信号)，3082 个信号图像为伪代谢物信号 ($(m/z$，$t)$ 值为 “0” 值在相应的 MS 数据中不产生信号)。在本研究中，通过分析这些细胞产生的 CE-ESI-MS 文件可以对每个细胞标记独特的细胞标识符。CE-ESI-MS 测量文件 (原始 MS 文件转换为 mzML 开放访问格式) 可从代谢组学工作台代谢组数据存储库获得。这些数据为本研究中其他单细胞的神经网络模型的训练提供了丰富的基线。

深度学习的模型结构。代谢物分析的深度学习模型为卷积神经网络 (CNN)，该模型可以通过学习训练集中的数据来调整权重数值，从而表示不同代谢物不同尺度上的特征 [100]。例如，著名的 LeNet5CNN 在 MNIST 数据集的手写数字识别方面取得了较高的精度，证明了 CNN 可较好地识别图片特征 [101]。该项目中使用 LeNet5 的网络架构，并在基于 Google 开发的 TensorFlow 深度学习平台实现 [102]。网络的第一隐层由 32 个 4×4 像素的卷积核组成，池化过程为 2×2 像素。输入图片大小为 60×12 的图像，如果包括边界盒检测，则为 40×20 的图像。卷积核可滤波提取图像的局部特征，池化过程能进一步提取精细特征。卷积是零填充，步幅为 1，输出与输入具有相同的大小。第二层与第一层相似，有 64 个卷积核。第三层有 256 个连接的神经元。为了减少可能的过度拟合，在训练过程中 dropout rate 设置为 0.5，然后在测试过程和随后的预测中将 dropout rate 设置为 0。训练过程中的激活函数为 Relu，输出层是一个 softmax 回归，输出给定图像的真实信号概率，该概率被指定为预测置信度。

模型训练。得到训练数据集后，神经网络模型训练利用反向传播，梯度下降算法和交叉熵使损失函数最小化来调整权值。损失函数可表示为

$$L(w) = -\frac{1}{N}\sum_{n=1}^{N}[y_n \times \log y'_n + (1 - y_n) \times \log(1 - y'_n)] \tag{4-15}$$

其中 y_n 和 y'_n 分别代表第 n 幅图像为真实信号的实际概率和预测概率，N 为每一步训练图像的个数。在本节的模型训练中，每一步训练的批量大小设置为 64，使用 TensorFlow[102] 中的训练优化器 ADAM，学习速率为 1×10^{-4}，其他为默认参数。实际训练中，大约 5000 次训练后训练精度已经开始收敛 (波动很小)。该训练在配置 NVIDIA k 20 GPU 的工作站上需要 5 分钟，在没有 GPU 配置的标准工作站 (4 核 2.7GHz，32G 内存) 上需要 30 分钟。

神经网络模型训练达到合理精度后，该项目将待评估的代谢物信号图像进行评估并得到概率分数。该概率为预测置信度评分：概率越高，代谢物信号图像代表真实信号的可能性越大。

模型训练和代谢物信号图像评估的相关代码主要为 python(版本 2.7) 编写，推荐使用 TensorFlow 1.0 或更高版本，需要 cip、zlib、base 64、OpenCV 和标准 python 软件包。该项目推荐使用具有足够 RAM(>32 GB) 的工作站，以减少 MS 数据集数据分析所需的运行时间。

4.3.2　模型精度与代谢物分析

为了评估神经网络模型的精度，本项目随机对训练数据集进行多次划分，样本中的 80%数据作为神经网络模型的训练集，样本中剩余的 20%数据作为神经网络模型的测试集，对传统机器学习决策树模型 (decision tree)，简单神经网络模型 (Simple Neural Network，SNN) 和卷积神经网络模型 (Convolutional Neural Networks, CNN) 进行了系统的比较分析。决策树模型的平均精度为 80.7%±0.7%，简单神经网络模型的平均精度为 90.5%±0.4%，卷积神经网络模型的平均精度为 91.9%±0.4%。结果表明，卷积神经网络模型有较高的准确性 (平均精度较高) 和稳定性 (标准差较小)，为分析和预测代谢物生物分子的理想模型。

在代谢物分析过程中，选取了宽松 (soft)、中等 (normal) 和严格 (strict) 的三种参数分别对代谢物测试集进行了分子特征分析。初始筛选分别产生了 1096、2780 和 7898 个潜在信号图像，其中分别有 649、1321 和 2734 个信号图像具有特定的代谢物边界框特征，神经网络模型最终产生了 324、462 和 492 个真实信号。结果表明，选取宽松、中等和严格三种参数的预测信号都有较好的收敛，宽松标准参数比中等标准参数仅多产生了 30 个额外的真实信号，为较好的参数选择。

图 4.24(a) 为 10 次独立随机训练集和测试集的测试结果，神经网络模型有较好的鲁棒性。神经网络模型选取的宽松、中等和严格三种参数的预测置信度直方图十分相似：大多数新预测的信号表现出相对较低的分数，并且可能在真信号与假信号之间的边界附近，神经网络模型有效地识别了具有较高置信度的信号。因此，该

神经网络模型在较为宽松的参数下也有较好的一致性与灵敏度，可以发现更多的代谢物分析信号。

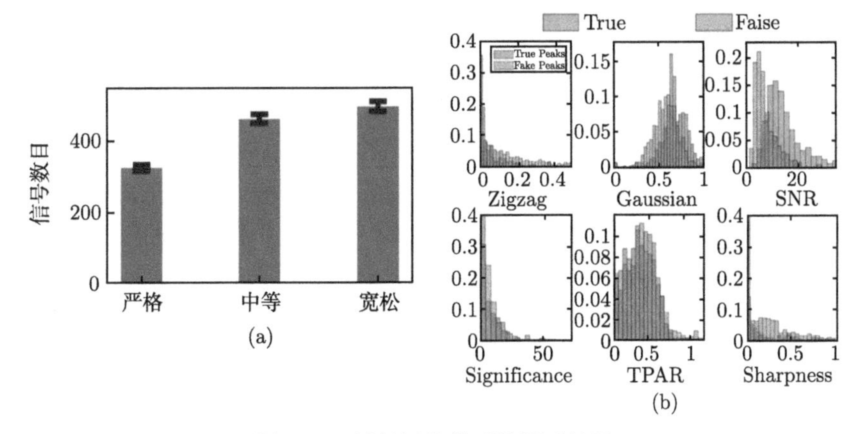

图 4.24 神经网络模型的测试结果

进一步，将神经网络模型与现有的 XCMS[83] 和 CWT[88] 方法进行了比较。使用默认参数的 XCMS 联机服务器可识别 2805 个分子特征，而使用 EIC bin 宽度为 0.010 da 的 scipy.signal.find_peaks_cwt 则识别数千个信号：对于条件宽松参数 (soft) 设置时分子特征数为 7898，中等参数设置时为 2780，严格参数设置时为 1096。XCMS 和 CWT 只有少量重叠的信号 (960)，表明其余的信号都是不确定或错误的信号。事实上，对 EICS 的后续检查发现，XCMS 或 CWT 返回的大部分信号为假阳性。神经网络模型发现了 500 种分子特征，其中大部分特征也被 XCMS 和 CWT 所包含。值得注意的是，神经网络模型还返回了一些 XCMS 或 CWT 未检测到的信号。后续检测表明，这些额外的信号为具有相对低信噪比 (SNR) 或离子计数强度的真实信号。因此，神经网络模型能够提取出假阳性率较低的真实信号。

4.3.3 模型信号质量评估

代谢物信号的质量特征主要有六个 [94]：锯齿波 (Zigzag) 评价信号 EIC 的平滑性、高斯相似性 (Gaussian) 描述目标形状与标准高斯曲线的相似性；信噪比 (SNR) 描述相对于围绕该信号的背景噪声的信号的丰度；显著性 (significance) 评价信号强度与信号基线的比值，三角峰面积相似比 (TPAR) 描述峰形与三角形的相似程度；锐度 (sharpness) 评估信号出现和消失的速度。图 4.24(b) 为质量特征的分析结果，真实信号的高斯相似性 (Gaussian) 和信噪比 (SNR) 整体较大，锯齿形 (zigzag) 和锐度 (sharpness) 分布均在较小的范围，有些真假信号特征有较大重叠。因此，需要神经网络模型区分真假代谢物信号。

4.3.4 单细胞代谢组学的性能验证

利用神经网络模型对海参(*A. californica*)[75,78,81]、鼠神经中枢(rat ganglia)[79,80]和爪蛙 (*X. laevis*) 胚胎 [74,82] 中已识别的单细胞的代谢状态的 100 个实验真实信号与预测信号的曲线下峰面积 (under-the-curve peak areas) 进行了比较分析。虽然代谢物信号显示出较宽的浓度范围，但峰面积的线性回归系数 R^2 >0.9，仍然可以表明实验学家得到的实验数据与神经网络模型数据之间具有良好的相关性。

此外，神经网络模型还可以对代谢物识别的传统方案进行补充，揭示相关代谢物的更多细节。神经网络模型的信号是复合依赖性的，在不同的细胞之间有较好的重复性，表明所检测的信号不与随机背景噪声相对应，而是与真正的代谢物信号相对应。因此，可以用代谢物图形信号的形状来分析鉴定和补充经典的代谢组学方法。神经网络模型可以有效地处理大规模的研究数据，分析和识别弱信号中的代谢物分析特征，有很好的发展潜力。

神经网络模型分析高分辨率质谱数据信号有较好的鲁棒性，能从微弱的高分辨率质谱数据信号中有效识别出代谢物生物分子特征，克服了当前的代谢组学分析方法不能识别微弱数据信号的瓶颈，是有效的补充。在充分的数据训练集训练后，神经网络模型有高精度和低假阳性的特点，显著提高了实验学家传统分析方法的效率。神经网络模型还可以根据实验需要进行改进，例如分离时间可根据已知分子特征在样品之间自动对齐从而有助于识别；分离相同的 m/z 或分离紧密/重叠的物质 (如亮氨酸和异亮氨酸)；使用元数据之间的 m/z 与时间维的精准对齐帮助识别分子特征等。神经网络模型的性能指标能满足不断增长的高分辨率质谱数据处理需求，加快高分辨率质谱的研究并帮助理解生物学问题。

4.4 小　　结

根据生物分子的序列、结构和图像等信息，从理论上对生物分子进行分类、预测和设计对相关疾病的药物设计和生物代谢物分析等应用研究具有重要的理论和实际意义。

如何利用机器学习和深度学习训练生物大数据信息是目前生物分子大数据分析的关键问题。以生物代谢物分析为例，神经网络模型可以从代谢物大数据中发现代谢物结构和图像特征，识别传统方法较难判断的弱信号，揭示更多的代谢物相关细节，是传统方法的有效补充。

参 考 文 献

[1] LeCun Y, Bengio Y and Hinton G. *Deep learning.* Nature, 2015, **521**(7553): 436-444.

[2] Krizhevsky A, Sutskever I and Hinton G E. *ImageNet classification with deep convolutional neural networks.* Communications of the Acm, 2017, **60**(6): 84-90.

[3] Ma J S, et al. *Deep neural nets as a method for quantitative structure-activity relationships.* Journal of Chemical Information and Modeling, 2015, **55**(2): 263-274.

[4] Helmstaedter M, et al. *Connectomic reconstruction of the inner plexiform layer in the mouse retina.* Nature, 2013, **500**(7461): 168-174.

[5] Leung M K, et al. *Deep learning of the tissue-regulated splicing code.* Bioinformatics, 2014, **30**(12): i121-i129.

[6] Panda P and Roy K. *Learning to generate sequences with combination of hebbian and Non-hebbian plasticity in recurrent spiking neural networks.* Frontiers in Neuroscience, 2017, https://doi.org/10.3389/fnins.2017.00693.

[7] Hinton G E, Osindero S and Teh YW. *A fast learning algorithm for deep belief nets.* Neural Comput, 2006, **18**(7):1527-1554.

[8] Hinton G E and Salakhutdinov R R. *Reducing the dimensionality of data with neural networks.* Science, 2006, **313**(5786): 504-507.

[9] Cadieu C F, et al. *Deep neural networks rival the representation of primate IT cortex for core visual object recognition.* PLoS Comput Biol, 2014, **10**(12): e1003963.

[10] Turaga S C, et al. *Convolutional networks can learn to generate affinity graphs for image segmentation.* Neural Computation, 2010, **22**(2): 511-538.

[11] Hadsell R, et al. *Learning long-range vision for autonomous off-road driving.* Journal of Field Robotics, 2009, **26**(2): 120-144.

[12] Sarawate N, Leu M C and Oz C. *A real-time American sign language word recognition system based on neural networks and a probabilistic model.* Turkish Journal of Electrical Engineering and Computer Sciences, 2015, **23**: 2107-2123.

[13] Hinton G E, et al. *The "wake-sleep" algorithm for unsupervised neural networks.* Science, 1995, **268**(5214): 1158-1161.

[14] Sokolovska N, et al. *Using unlabeled data to discover bivariate causality with deep restricted Boltzmann machines.* IEEE/ACM Trans Comput Biol Bioinform, 2018.

[15] Mnih V, et al. *Human-level control through deep reinforcement learning.* Nature, 2015, **518**(7540):529-533.

[16] Xiong H Y, et al. *The human splicing code reveals new insights into the genetic determinants of disease.* Science, 2015, **347**(6218):1254806.

[17] Zou X, Wang G and Yu G. *Protein function prediction using deep restricted Boltzmann machines.* Biomed Res Int, 2017, **2017**: 1729301.

[18] Hess M, et al. *Partitioned learning of deep Boltzmann machines for SNP data.* Bioinformatics, 2017, **33**(20): 3173-3180.

[19] *Sponsored Collection | Precision medicine and cancer immunology in China.* 2018, **359**(6375): 598.

[20] Fleming N. *How artificial intelligence is changing drug discovery.* Nature, 2018, **557**: S55-S57.

[21] Chen H, et al. *The rise of deep learning in drug discovery.* Drug Discov Today, 2018, **23**(6): 1241-1250.

[22] Rifaioglu A S, et al. *Recent applications of deep learning and machine intelligence on in silico drug discovery: methods, tools and databases.* Brief Bioinform, 2018, doi: 10.1093/bib/bby061.

[23] Ching T, et al. *Opportunities and obstacles for deep learning in biology and medicine.* Journal of the Royal Society Interface, 2018, **15**(141). https://doi.org/10.1098/rsif.2017.0387.

[24] Goh G B, Hodas N O and Vishnu A. *Deep learning for computational chemistry.* Journal of Computational Chemistry, 2017, **38**(16): 1291-1307.

[25] Zhang L, et al. *From machine learning to deep learning: progress in machine intelligence for rational drug discovery.* Drug Discovery Today, 2017, **22**(11): 1680-1685.

[26] Jing Y K, et al. *Deep learning for drug design: An artificial intelligence paradigm for drug discovery in the big data era.* Aaps Journal, 2018, **20**(3): 58.

[27] Mamoshina P, et al. *Applications of deep learning in biomedicine.* Molecular Pharmaceutics, 2016, **13**(5): 1445-1454.

[28] Su E C Y, Li Y C and Iqbal U. *Deep learning revolutionizes healthcare and precision medicine: the next wave of artificial intelligence applications in biomedicine.* Computer Methods and Programs in Biomedicine, 2017, **138**: A1-A2.

[29] Ekins S. *The next era: Deep learning in pharmaceutical research.* Pharmaceutical Research, 2016, **33**(11): 2594-2603.

[30] Xu Y J, Pei J F and Lai L H. *Deep learning based regression and multiclass models for acute oral toxicity prediction with automatic chemical feature extraction.* Journal of Chemical Information and Modeling, 2017, **57**(11): 2672-2685.

[31] Wang J, et al. *Computational protein design with deep learning neural networks.* Sci Rep, 2018, **8**(1): 6349.

[32] Zhang, Y. *I-TASSER server for protein 3D structure prediction.* Bmc Bioinformatics, 2008, **9**(1): 40-0.

[33] Roy A, Kucukural A and Zhang Y. *I-TASSER: A unified platform for automated protein structure and function prediction.* Nature Protocols, 2010, **5**(4): 725-738.

[34] Yang J Y, et al. *The I-TASSER suite: Protein structure and function prediction.* Nature Methods, 2015, **12**(1): 7-8.

[35] Chen H M, et al. *The rise of deep learning in drug discovery.* Drug Discovery Today, 2018, **23**(6): 1241-1250.

[36] Alipanahi B, et al. *Predicting the sequence specificities of DNA- and RNA-binding proteins by deep learning.* Nat Biotechnol, 2015, **33**(8): 831-838.

[37] Alipanahi B, et al. *Predicting the sequence specificities of DNA- and RNA-binding proteins by deep learning.* Nature Biotechnology, 2015, **33**(8): 831.

[38] Zhou J and Troyanskaya O G. *Predicting effects of noncoding variants with deep learning-based sequence model.* Nat Methods, 2015, **12**(10): 931-934.

[39] Hjelm R D, et al. *Restricted Boltzmann machines for neuroimaging: an application in identifying intrinsic networks.* Neuroimage, 2014, **96**: 245-260.

[40] van Tulder G and de Bruijne M. *Combining generative and discriminative representation learning for lung CT analysis with convolutional restricted Boltzmann machines.* IEEE Trans Med Imaging, 2016, **35**(5): 1262-1272.

[41] Decelle A, Fissore G and Furtlehner C. *Thermodynamics of restricted Boltzmann machines and related learning dynamics.* Journal of Statistical Physics, 2018, **172**(6): 1576-1608.

[42] Jebaselvi G D A, et al. *Brain tumor segmentation in MRI Images using Convolutional Neural Networks.* Research Journal of Pharmaceutical Biological and Chemical Sciences, 2017, **8**(4): 87-99.

[43] Barat C and Ducottet C. *String representations and distances in deep convolutional neural networks for image classification.* Pattern Recognition, 2016, **54**:104-115.

[44] Ibragimov B and Xing L. *Segmentation of organs-at-risks in head and neck CT images using convolutional neural networks.* Medical Physics, 2017, **44**(2): 547-557.

[45] Mitra V, et al. *Hybrid convolutional neural networks for articulatory and acoustic information based speech recognition.* Speech Communication, 2017, **89**: 103-112.

[46] Angermueller C, et al. *Deep learning for computational biology.* Mol Syst Biol, 2016, **12**(7): 878.

[47] Wishart D S, et al. *HMDB 4.0: The human metabolome database for 2018.* Nucleic Acids Res, 2018, **46**(D1): D608-D617.

[48] Wishart D S, et al. *HMDB: The human metabolome database.* Nucleic Acids Res, 2007, **35**(Database issue): D521-D526.

[49] Wishart D S, et al. *HMDB: A knowledgebase for the human metabolome.* Nucleic Acids Res, 2009, **37**(Database issue): D603-D610.

[50] Ramirez-Gaona M, et al. *YMDB 2.0: A significantly expanded version of the yeast metabolome database.* Nucleic Acids Res, 2017, **45**(D1): D440-D445.

[51] Jewison T, et al. *YMDB: The yeast metabolome database.* Nucleic Acids Res, 2012, **40**(Database issue): D815-D820.

[52] Guo A C, et al. *ECMDB: The E. coli metabolome database.* Nucleic Acids Res, 2013, **41**(Database issue): D625-D630.

[53] Sajed T, et al. *ECMDB 2.0: A richer resource for understanding the biochemistry of E. coli.* Nucleic Acids Res, 2016, **44**(D1): D495-D501.

[54] Mueller L A, Zhang P and Rhee S Y. *AraCyc: A biochemical pathway database for Arabidopsis.* Plant Physiol, 2003, **132**(2): 453-460.

[55] Zhang P, et al. *MetaCyc and AraCyc. Metabolic pathway databases for plant research.* Plant Physiol, 2005, **138**(1): 27-37.

[56] Bouatra S, et al. *The human urine metabolome.* PLoS One, 2013, **8**(9): e73076.

[57] Mandal R, et al. *Multi-platform characterization of the human cerebrospinal fluid metabolome: a comprehensive and quantitative update.* Genome Med, 2012, **4**(4): 38.

[58] Psychogios N, et al. *The human serum metabolome.* PLoS One, 2011, **6**(2): e16957.

[59] Tuma P, Samcova E and Balinova P. *Determination of 3-methylhistidine and 1-methylhistidine in untreated urine samples by capillary electrophoresis.* Journal of Chromatography B-Analytical Technologies in the Biomedical and Life Sciences, 2005, **821**(1): 53-59.

[60] Yang J, et al. *Potential metabolite markers of schizophrenia.* Molecular Psychiatry, 2013, **18**(1): 67-78.

[61] Ni Y, Xie G X and Jia W. *Metabonomics of human colorectal cancer: New approaches for early diagnosis and biomarker discovery.* Journal of Proteome Research, 2014, **13**(9): 3857-3870.

[62] Bakker J A, et al. *Biochemical abnormalities in a patient with thymidine phosphorylase deficiency with fatal outcome.* Journal of Inherited Metabolic Disease, 2010, **33**: S139-S143.

[63] Sinha R, et al. *Fecal microbiota, fecal metabolome, and colorectal cancer interrelations.* Plos One, 2016, **11**(3): e0152126.

[64] Brown D G, et al. *Metabolomics and metabolic pathway networks from human colorectal cancers, adjacent mucosa, and stool.* Cancer & Metabolism, 2016, **4**:11.

[65] Kolho K L, et al. *Faecal and serum metabolomics in paediatric inflammatory bowel disease.* Journal of Crohns & Colitis, 2017. **11**(3): 321-334.

[66] Wuhr M, et al. *Deep proteomics of the Xenopus laevis egg using an mRNA-derived reference database.* Current Biology, 2014, **24**(13): 1467-1475.

[67] Waanders L F, et al. *Quantitative proteomic analysis of single pancreatic islets.* Proceedings of the National Academy of Sciences of the United States of America, 2009, **106**(45): 18902-18907.

[68] Wang N, et al. *Development of mass spectrometry-based shotgun method for proteome analysis of 500 to 5000 cancer cells.* Analytical Chemistry, 2010, **82**(6): 2262-2271.

[69] Chen Q, et al. *Direct digestion of proteins in living cells into peptides for proteomic analysis.* Analytical and Bioanalytical Chemistry, 2015, **407**(3): 1027-1032.

[70] Sun L L, et al. *Single cell proteomics using frog (Xenopus laevis) blastomeres isolated from early stage embryos, which form a geometric progression in protein content.* Analytical Chemistry, 2016, **88**(13): 6653-6657.

[71] Ong T H, et al. *Mass spectrometry-based characterization of endogenous peptides and metabolites in small volume samples.* Biochimica Et Biophysica Acta-Proteins and Proteomics, 2015, **1854**(7): 732-740.

[72] Lanni E J, Rubakhin S S and Sweedler J V. *Mass spectrometry imaging and profiling of single cells.* Journal of Proteomics, 2012, **75**(16): 5036-5051.

[73] Buchberger A, Yu Q and Li L J. *Advances in mass spectrometric tools for probing neuropeptides.* Annual Review of Analytical Chemistry, 2015, **8**: 485-509.

[74] Onjiko R M, Moody S A and Nemes P. *Single-cell mass spectrometry reveals small molecules that affect cell fates in the 16-cell embryo.* Proceedings of the National Academy of Sciences, 2015, **112**(21): 6545-6550.

[75] Nemes P, et al. *Metabolic differentiation of neuronal phenotypes by single-cell capillary electrophoresis–electrospray ionization-mass spectrometry.* Analytical Chemistry, 2011, **83**(17): 6810-6817.

[76] Lombard-Banek C, Moody S A and Nemes P. *Single-cell mass spectrometry for discovery proteomics: Quantifying translational cell heterogeneity in the 16-cell frog (Xenopus) embryo.* Angewandte Chemie-International Edition, 2016, **55**(7): 2454-2458.

[77] Sun L L, et al. *Ultrasensitive and fast bottom-up analysis of femtogram amounts of complex proteome digests.* Angewandte Chemie-International Edition, 2013, **52**(51): 13661-13664.

[78] Lapainis T, Rubakhin S S and Sweedler J V. *Capillary electrophoresis with electrospray ionization mass spectrometric detection for single-cell metabolomics.* Analytical Chemistry, 2009, **81**(14): 5858-5864.

[79] Aerts J T, et al. *Patch clamp electrophysiology and capillary electrophoresis mass spectrometry metabolomics for single cell characterization.* Analytical Chemistry, 2014, **86**(6): 3203-3208.

[80] Nemes P, et al. *Qualitative and quantitative metabolomic investigation of single neurons by capillary electrophoresis electrospray ionization mass spectrometry.* Nature Protocols, 2013, **8**(4): 783.

[81] Liu J X, et al. *Analysis of endogenous nucleotides by single cell capillary electrophoresis-mass spectrometry.* Analyst, 2014, **139**(22): 5835-5842.

[82] Onjiko R M, et al. *In situ microprobe single-cell capillary electrophoresis mass spectrometry: Metabolic reorganization in single differentiating cells in the live vertebrate (Xenopus laevis) embryo.* Analytical Chemistry, 2017, **89**(13): 7069-7076.

[83] Benton H P, et al. *XCMS2: Processing tandem mass spectrometry data for metabolite identification and structural characterization.* Analytical Chemistry, 2008, **80**(16): 6382-6389.

[84] Forsberg E M, et al. *Data processing, multi-omic pathway mapping, and metabolite activity analysis using XCMS Online.* Nature Protocols, 2018, **13**(4): 633-651.

[85] Chong J, et al. *MetaboAnalyst 4.0: Towards more transparent and integrative metabolomics analysis.* Nucleic Acids Research, 2018, **46**(W1): W486-W494.

[86] Radulovic D, et al. *Informatics platform for global proteomic profiling and biomarker discovery using liquid chromatography-tandem mass spectrometry.* Molecular & Cellular Proteomics, 2004, **3**(10): 984-997.

[87] Hastings C A, Norton S M and Roy S. *New algorithms for processing and peak detection in liquid chromatography/mass spectrometry data.* Rapid Communications in Mass Spectrometry, 2002, **16**(5): 462-467.

[88] Du P, Kibbe W A and Lin S M. *Improved peak detection in mass spectrum by incorporating continuous wavelet transform-based pattern matching.* Bioinformatics, 2006, **22**(17): 2059-2065.

[89] Monroe M E, et al. *VIPER: An advanced software package to support high-throughput LC-MS peptide identification.* Bioinformatics, 2007, **23**(15): 2021-2023.

[90] Sturm M, et al. *OpenMS–an open-source software framework for mass spectrometry.* BMC bioinformatics, 2008, **9**(1):163.

[91] Katajamaa M, Miettinen J and Oreši M. *MZmine: toolbox for processing and visualization of mass spectrometry based molecular profile data.* Bioinformatics, 2006, **22**(5): 634-636.

[92] Du P, et al. *Data reduction of isotope-resolved LC-MS spectra.* Bioinformatics, 2007, **23**(11): 1394-1400.

[93] Leptos K C, et al. *MapQuant: Open-source software for large-scale protein quantification.* Proteomics, 2006, **6**(6): 1770-1782.

[94] Zhang W and Zhao P X. *Quality evaluation of extracted ion chromatograms and chromatographic peaks in liquid chromatography/mass spectrometry-based metabolomics data.* BMC bioinformatics, 2014, **15**(11): S5.

[95] Lu L, et al. *Deep Learning and Convolutional Neural Networks for Medical Image Computing.* 2017: Springer.

[96] Janowczyk A and Madabhushi A. *Deep learning for digital pathology image analysis: A comprehensive tutorial with selected use cases.* Journal of Pathology Informatics, 2016. **7**:29.

[97] Kremer J, et al. *Big universe, big data: Machine learning and image analysis for astronomy.* IEEE Intelligent Systems, 2017, **32**(2): 16-22.

[98] Angermueller C, et al. *Deep learning for computational biology.* Molecular systems Biology, 2016, **12**(7): 878.

[99] Woldegebriel M and Derks E. *Artificial neural network for probabilistic feature recognition in liquid chromatography coupled to high-resolution mass spectrometry.* Analytical Chemistry, 2016, **89**(2): 1212-1221.

[100] LeCun Y, Bengio Y and Hinton G. *Deep learning.* Nature, 2015, **521**(7553): 436-444.

[101] LeCun Y, et al. *Gradient-based learning applied to document recognition.* Proceedings of the IEEE, 1998, **86**(11): 2278-2324.

[102] Abadi M, et al. *TensorFlow: Large-scale machine learning on heterogeneous distributed systems.* 2016: arXiv preprint arXiv:1603.04467.

[103] Liu Z, et al. Trace, machine learning of signal images for trace-sensitive mass spectrometry: A case study from single-cell metabolomics. Analytical Chemistry, 2019, 91(9): 5768-5776.

附　　录

附录 A　结合位点预测主要代码

```
%%%%%%%%%%%%%%%%%%%%%%%%%%%%%%%%%%%%%%%%%%%%%%%%%%%%%%%%%%%%%%%%%%%%%%
%
% Closeness Centrality Analysis Package
%
% INPUTS:
%   PDB file               - Strcutre information
%   Distacne cutoff        - Contact parameter for generating matirx
%
% OUTPUTS:
%   mapping.txt            - Output file residues vs PDB file residues
%   contact.dat            - Static contact network by cutoff
%   closeness.txt          - Nodes closeness centrality
%
%
%
%
%%%%%%%%%%%%%%%%%%%%%%%%%%%%%%%%%%%%%%%%%%%%%%%%%%%%%%%%%%%%%%%%%%%%%%

tic
clear

% Input PDB file and distance cutoff
gnetwork('Inputs/1aju.pdb', 8)

% Here, we identify the number of amino acid in the PDB file
% Open input PDB file
fid = fopen('Inputs/1aju.pdb', 'rt');
```

```
  PDB = textscan(fid, '%s %d %s %s %s %d %f %f %f %f %f %s',
         'CollectOutput', true);
  % a vector that stores the NO. of amino acid for each atom
  NO_aminoacid = PDB{4};
  % the number of atoms
  number_of_atom = length(PDB{1});

  %count the number of amino acid in PDB file
  number_of_aminoacid = 1;
  Rev_NO_aminoacid = ones(number_of_atom,1);
  for  i = 2 : number_of_atom
       if abs(NO_aminoacid(i)-NO_aminoacid(i-1)) > 0
             number_of_aminoacid = number_of_aminoacid + 1;
             Rev_NO_aminoacid(i : number_of_atom) = number_of
               _aminoacid;
       end
  end

closeness(number_of_aminoacid)

clear




% gnetwork function

function [ ] = gnetwork( input, cutoff )

%%%%%%%%%%%%%%%%%%%%%%%%%%%%%%%%%%%%%%%%%%%%%%%%%%%%%%%%%%%%%%%%%%%%%%%%
%                       Load the PDB infomation                 %
%%%%%%%%%%%%%%%%%%%%%%%%%%%%%%%%%%%%%%%%%%%%%%%%%%%%%%%%%%%%%%%%%%%%%%%%

  % The input PDB file
  fid = fopen(input, 'rt');
  % The input distance cutoff (between any heavy atoms)
```

```
connect_cutoff = cutoff;

% Sacn PDB file
PDB = textscan(fid, '%s %d %s %s %s %d %f %f %f %f %f %s',
      'CollectOutput', true);
% The number of atoms
number_of_atom = length(PDB{1});
% a vector that stores the NO. for each atom
NO_atom = PDB{2};
% a vector that stores the NO. of amino acid for each atom
NO_aminoacid = PDB{4};

% Count the number of amino acid and get a new(Revised) vector
% to denote the NO. of amino acid for each atom
number_of_aminoacid = 1;
Rev_NO_aminoacid = ones(number_of_atom,1);
for  i = 2 : number_of_atom
     if abs(NO_aminoacid(i)-NO_aminoacid(i-1)) > 0
            number_of_aminoacid = number_of_aminoacid + 1;
            Rev_NO_aminoacid(i : number_of_atom) = number_of
              _aminoacid;
     end
end

%%%%%%%%%%%%%%%%%%%%%%%%%%%%%%%%%%%%%%%%%%%%%%%%%%%%%%%%%%%%%%%%%%%%%%
%                        Distances calculations                  %
%%%%%%%%%%%%%%%%%%%%%%%%%%%%%%%%%%%%%%%%%%%%%%%%%%%%%%%%%%%%%%%%%%%%%%
  % get (x,y,z) coordinates of each atom
  position = PDB{5};
  position = position(:,1:3);
  net = zeros(number_of_aminoacid, number_of_aminoacid);
  for i = 1 : number_of_atom
      for j = 1 : number_of_atom
          % We do not consider the themsleves or neighbor residues
          if abs(Rev_NO_aminoacid(i)-Rev_NO_aminoacid(j)) <= 1
```

```
                continue;
            end
            % Distances calculations
            d_ij = (position(i,1)-position(j,1))^2 + (position(i,2)
                 -position(j,2))^2 + (position(i,3) -position(j,3))^2;
            d_ij = d_ij^0.5;
            % Set contact to be 1 if smaller than cutoff
            if d_ij <= connect_cutoff
                net(Rev_NO_aminoacid(i), Rev_NO_aminoacid(j)) = 1;
            end
        end
    end

%%%%%%%%%%%%%%%%%%%%%%%%%%%%%%%%%%%%%%%%%%%%%%%%%%%%%%%%%%%%%%%%%%%%%%%%
%                      Residues mapping information                    %
%%%%%%%%%%%%%%%%%%%%%%%%%%%%%%%%%%%%%%%%%%%%%%%%%%%%%%%%%%%%%%%%%%%%%%%%

  chain = PDB{3};
  chain = chain(:,3);
  map(:,1) = NO_aminoacid;
  map(:,2) = Rev_NO_aminoacid;
  fid1 = fopen('Outputs/mapping.txt', 'w');
  fprintf(fid1,'%s %d \t %d \n',chain{1},map(1,1),map(1,2));
  for i = 2 : number_of_atom
      if abs(NO_aminoacid(i)-NO_aminoacid(i-1)) > 0
          fprintf(fid1,'%s %d \t %d \n',chain{i},map(i,1),map(i,2));
      end
  end

%%%%%%%%%%%%%%%%%%%%%%%%%%%%%%%%%%%%%%%%%%%%%%%%%%%%%%%%%%%%%%%%%%%%%%%%
  %save the contact matrix (static network)
  save ('Outputs/contact.dat','net','-ascii')

end
```

```
% closeness function

function [] = closeness( input)
%CLOSE_CENTRALITY Summary of this function goes here
%   Detailed explanation goes here

data=load('Outputs/contact.dat');
G=sparse(data);
[dist] = graphallshortestpaths(G);

cc=zeros(input,1);
for i=1:input
     cc(i) = sum(dist(i,:));% the average distance from the given node
           to other nodes
end
                      cc=1./cc;
                      cc=cc*29;

[x,y]=sort(cc,'ascend');

dlmwrite('Outputs/closeness.txt', cc, 'precision', '%i', 'delimiter',
  '\t')

end
```

附录 B 直接耦合分析主要代码

```
import numpy as np
import math
from scipy.spatial.distance import squareform,pdist

'''
Direct Coupling Analysis (DCA)

INPUTS:
   inputfile - file containing the FASTA alignment
   outputfile - file for dca results.The file is composed by N(N-1)/2
                    (N = length of the sequences) rows and 4 columns:
                    residue i (column 1), residue j (column 2),
                    MI(i,j) (Mutual Information between i and j), and
                    DI(i,j) (Direct Information between i and j).
                    Note: all insert columns are removed from the
                      alignment.
SOME RELEVANT VARIABLES:
   N            number of residues in each sequence (no insert)
   M            number of sequences in the alignment
   Meff         effective number of sequences after re weighting
   q            equal to 21 (20 amino acids + 1 gap)
   align       M x N matrix containing the alignment
   Pij_true  N x N x q x q matrix containing the re weighted frequency
             counts.
   Pij       N x N x q x q matrix containing the re weighted frequency
             counts with pseudo counts.
   C         N(q-1) x N(q-1) matrix containing the covariance matrix.

'''
def dca(inputfile, outputfile):
      pseudocount_weight = 0.5  # relative weight of pseudo count
      theta = 0.2  # threshold for sequence id in re weighting
```

```
    N,M,q,align = return_alignment(inputfile)
    Pij_true,Pi_true, Meff = Compute_True_Frequencies(align, M, N, q,
      theta)
    print('N = {0}, M = {1}, Meff = {2}, q = {3}'.format(N, M, Meff,
      q))
    Pij,Pi = with_pc(Pij_true,Pi_true,pseudocount_weight,
      N,q)
    C = Compute_C(Pij,Pi,N,q)
    invC = np.linalg.inv(C)
    with open (outputfile, 'w') as fp:
        Compute_Results(Pij, Pi, Pij_true, Pi_true, invC, N, q, fp)


def return_alignment(inputfile):
#  reads alignment from inputfile, removes inserts and converts into
  numbers

    align_full = []

    with open (inputfile, 'r') as fp:
        file = fp.readlines()
        for i in xrange(0,len(file)/2):
            align_full.append(file[2*i+1][:-1])
        M = len(align_full)
        N = len(align_full[0])

        Z = np.zeros((M,N))

        for i in xrange(0,M):
            counter = 0
            for j in xrange(0, N):
                Z[i,counter] = letter2number(align_full[i][j])
                counter += 1
        q = int(np.max(np.max(Z)))
```

```
        return N ,M, q, Z

# computes and prints the mutual and direct informations
def Compute_Results(Pij, Pi, Pij_true,Pi_true, invC, N, q, fp):
        for i in xrange(0,N-1):
              for j in xrange(i+1,N):
                    # mutual information
                    MI_true,si_true,sj_true = calculate_mi(i,j,Pij
                      _true,Pi_true,q)

                    # direct information from mean-field
                    W_mf = ReturnW(invC,i,j,q)
                    DI_mf_pc = (bp_link(i,j,W_mf,Pi,q))
                    line = str([i+1,j+1,MI_true, DI_mf_pc])+"\n"
                    fp.write(line)


def Compute_True_Frequencies(align,M,N,q,theta):
     W = np.ones((1,M))
     if (theta > 0.0):
           W = (1./(1+sum(squareform(pdist(align,'hamm')<theta))))
     Meff = sum(W)

     Pij_true = np.zeros((N,N,q,q))
     Pi_true = np.zeros((N,q))

     for j in xrange(0, M):
           for i in xrange(0, N):
               Pi_true[i, int(align[j,i]-1)] = Pi_true
                 [i, int(align[j,i]-1)] + W[j]
    Pi_true = Pi_true/Meff

    for l in xrange(0, M):
          for i in xrange(0, N-1):
                for j in xrange(i+1,N):
```

```
                        Pij_true[i, j, int(align[l,i]-1), int(align[l,j]
                          -1)] =
Pij_true[i,j,int(align[l,i]-1),int(align[l,j]-1)] + W[l]
                        Pij_true[j,i,int(align[l,j]-1),int(align[l,i]-1)]
                          =
Pij_true[i,j,int(align[l,i]-1),int(align[l,j]-1)]
     Pij_true = Pij_true/Meff

     scra = np.eye(q)

     for i in xrange(0,N):
           for alpha in xrange(0,q):
                 for beta in xrange(0,q):
                      Pij_true[i,i,alpha,beta] = Pi_true[i,alpha] *
                        scra[alpha,beta]

    return Pij_true, Pi_true, Meff


def letter2number(a):
     if a =='A':
           x = 1
     elif a == 'U':
           x = 2
     elif a == 'C':
           x = 3
     elif a == 'G':
           x = 4
     elif a == '-':
           x = 5
     else:
           x = 5

    return x
```

```
def with_pc(Pij_true, Pi_true, pseudocount_weight,N,q):
    # adds pseudocount
    Pij = (1.-pseudocount_weight)*Pij_true + pseudocount_weight/q/q*np.
          ones((N,N,q,q))
    Pi = (1.-pseudocount_weight)*Pi_true + pseudocount_weight/q*np.
         ones((N,q))
    scra = np.eye(q);

    for i in xrange(0, N):
          for alpha in xrange(0, q):
                for beta in xrange(0, q):
                     Pij[i,i,alpha,beta] =  (1.-pseudocount_weight)*Pij
                       _true[i,i,alpha,beta] +
pseudocount_weight/q*scra[alpha,beta]
    return Pij, Pi

def Compute_C(Pij,Pi,N,q):
     # compute correlation matrix
     C = np.zeros((N*(q-1),N*(q-1)))

     for i in xrange(0, N):
           for j in xrange(0, N):
                 for alpha in xrange(0, q-1):
                       for beta in xrange(0, q-1):
                            C[mapkey(i+1,alpha+1,q)-1,mapkey(j+1,beta+
                              1,q)-1] = Pij[i,j,alpha,beta] -
Pi[i,alpha]*Pi[j,beta]
      return C


def mapkey(i,alpha,q):
     A = (q-1)*(i-1)+(alpha)
     return A
```

```
def calculate_mi(i,j,P2,P1,q):
     M = 0
     for alpha in xrange(0,q):
           for beta in xrange(0, q):
                if P2[i, j, alpha, beta] > 0:
                     M = M + P2[i,j,alpha, beta]*np.log(P2[i,j, alpha,
                         beta] / P1[i,alpha]/P1[j,beta])


    s1 = 0
    s2 = 0


    for alpha in xrange(0, q):
          if P1[i,alpha] > 0:
               s1 = s1- P1[i,alpha] * np.log( P1[i, alpha])
          if P1[j,alpha] > 0:

               s2 = s2 - P1[j,alpha] * np.log(P1[j,alpha])
    return M, s1, s2


def ReturnW(C, i, j, q):
     W = np.ones((q,q))
     ##########
     # W[0:q-1,0:q-1] = math.exp(-C[mapkey(i,0,q),mapkey(j,0,q)])



    for a in xrange(0,q-1):
          for b in xrange(0, q-1):
                W[a,b] = np.exp(-C[mapkey(i+1,a+1,q)-1,mapkey(j+1,b+1,
                         q)-1])
    return W

def bp_link(i,j,W,P1,q):
     mu1, mu2 = compute_mu(i,j,W,P1,q)
```

```
    DI = compute_di(i,j,W, mu1,mu2,P1)
    return DI

def compute_mu(i,j,W,P1,q):
    epsilon=1e-4
    diff =1.0
    mu1 = (np.ones((1,q))/q)[0]
    mu2 = (np.ones((1,q))/q)[0]
    pi = P1[i,:]
    pj = P1[j,:]

    while diff > epsilon:

        scra1 = np.dot(mu2 , np.transpose(W))
        scra2 = np.dot(mu1 , W)

        new1 = pi/scra1
        new1 = new1/sum(new1)
        # print '----',pi,scra1,new1,sum(new1)
        new2 = pj/scra2
        new2 = new2/sum(new2)
        diff = max(np.amax( np.abs(new1-mu1)), np.amax(np.abs(new2-mu
              2)))


        mu1 = new1
        mu2 = new2
    return mu1, mu2

def compute_di(i,j,W, mu1,mu2, Pia):
    # compute direct information
    tiny = 1.0e-100
    mu1 = np.mat(mu1)
    mu2 = np.mat(mu2)
    Pdir = np.multiply(W,(np.dot(np.transpose(mu1),mu2)))
```

```
    Pdir = Pdir / (sum(sum(Pdir)).sum())

    Pfac = np.dot(np.transpose(np.mat(Pia[i,:])) , np.mat(Pia[j,:]))

    # DI = ( np.transpose(Pdir) * np.log((Pdir+tiny)/(Pfac+tiny))).
      trace

    temp = np.log((Pdir + tiny) / (Pfac + tiny))
    DI = np.dot(np.transpose(np.mat(Pdir)),np.mat(temp)).
        trace()
    return float(DI)

if __name__ == '__main__':
    dca('RF00167.afa.txt','temp.txt')
```

附录 C　RNA 训练集

#	Equivalence class	Representative	Resolution	Nts	Class members
1	NR_3.0_51824.1	5WTI|1|B (5WTI)	2.7 Å	115	(1) 5WTI|1|B
2	NR_3.0_53735.1	4QLM|1|A (4QLM)	2.7 Å	108	(2) 4QLM|1|A, 4QLN|1|A
3	NR_3.0_47203.1	3F2Q|1|X (3F2Q)	3.0 Å	107	(2) 3F2Q|1|X, 3F2T|1|X
4	NR_3.0_83641.1	4Y1M|1|B (4Y1M)	3.0 Å	107	(2) 4Y1M|1|B, 4Y1M|1|A
5	NR_3.0_27096.1	4WFL|1|A (4WFL)	2.5 Å	105	(1) 4WFL|1|A
6	NR_3.0_00143.1	4Y1J|1|A (4Y1J)	2.2 Å	100	(4) 4Y1J|1|A, 4Y1J|1|B, 4Y1I|1|A, 4Y1I|1|B
7	NR_3.0_20814.1	3SUX|1|X (3SUX)	2.9 Å	100	(2) 3SUX|1|X, 3SUH|1|X
8	NR_3.0_50424.1	5U30|1|B (5U30)	2.9 Å	99	(2) 5U30|1|B, 5U31|1|B
9	NR_3.0_37714.1	4RZD|1|A (4RZD)	2.8 Å	98	(1) 4RZD|1|A
10	NR_3.0_12869.1	4L81|1|A (4L81)	3.0 Å	96	(1) 4L81|1|A
11	NR_3.0_31222.1	5FJC|1|A (5FJC)	1.7 Å	96	(12) 5FJC|1|A, 5FK4|1|A, 4B5R|1|A, 5FK3|1|A, 5FK2|1|A, 5FKF|1|A, 5FK6|1|A, 5FK1|1|A, 5FKD|1|A, 5FKH|1|A, 5FKG|1|A, 5FKE|1|A
12	NR_3.0_77464.1	4AOB|1|A (4AOB)	3.0 Å	94	(2) 4AOB|1|A, 4AEB|1|A
13	NR_3.0_82809.4	2YGH|1|A (2YGH)	2.6 Å	94	(11) 2YGH|1|A, 3GX5|1|A, 3GX3|1|A, 3IQR|1|A, 3IQP|1|A, 3GX7|1|A, 3IQN|1|A, 2GIS|1|A, 2YDH|1|A, 3GX2|1|A, 3GX6|1|A
14	NR_3.0_60079.1	5X2G|1|B (5X2G)	2.4 Å	93	(2) 5X2G|1|B, 5X2H|1|B
15	NR_3.0_90160.4	5B2P|1|B (5B2P)	1.7 Å	93	(3) 5B2P|1|B, 5B2O|1|B, 5B2Q|1|B
16	NR_3.0_88154.1	4RUM|1|A (4RUM)	2.6 Å	92	(1) 4RUM|1|A
17	NR_3.0_12260.3	3MXH|1|R (3MXH)	2.3 Å	91	(9) 3MXH|1|R, 3MUM|1|R, 3UCZ|1|R, 4YB1|1|R, 3MUR|1|R, 3UD4|1|R, 3MUT|1|R, 3IRW|1|R, 3UCU|1|R
18	NR_3.0_49553.1	3CUL|1|C (3CUL)	2.8 Å	91	(4) 3CUL|1|C, 3CUN|1|C, 3CUL|1|D, 3CUN|1|D
19	NR_3.0_75326.1	1M5K|1|B (1M5K)	2.4 Å	91	(8) 1M5K|1|B,1M5K|1|E, 1M5O|1|B, 1M5P|1|B, 1M5O|1|E, 1M5V|1|B, 1M5P|1|E, 1M5V|1|E

续表

#	Equivalence class	Representative	Resolution	Nts	Class members
20	NR_3.0_91539.1	5T83|1|A (5T83)	2.7 Å	90	(1) 5T83|1|A
21	NR_3.0_78797.2	4LVW|1|A (4LVW)	1.8 Å	89	(8) 4LVW|1|A, 4LVX|1|A, 4LVY|1|A, 4LW0|1|A, 4LVV|1|A, 4LVZ|1|A, 3SD3|1|A, 3SD1|1|A
22	NR_3.0_63789.1	3ADD|1|C (3ADD)	2.4 Å	88	(6) 3ADD|1|C, 3ADD|1|D, 3ADB|1|D, 3ADB|1|C, 3ADC|1|C,3ADC|1|D
23	NR_3.0_32185.1	3OXE|1|A (3OXE)	2.9 Å	86	(14) 3OXE|1|A, 3OXB|1|A, 3OXB|1|B, 3OXE|1|B, 3OXD|1|A, 3OXD|1|B, 3OXM|1|A, 3OXM|1|B, 3OWI|1|A, 3OWZ|1|A, 3OWI|1|B, 3OWW|1|A, 3OWW|1|B, 3OWZ|1|B
24	NR_3.0_57598.2	3RG5|1|B (3RG5)	2.0 Å	86	(2) 3RG5|1|B, 3RG5|1|A
25	NR_3.0_59099.1	5AOX|1|C (5AOX)	2.0 Å	86	(2) 5AOX|1|C, 5AOX|1|F
26	NR_3.0_01779.1	4FRG|1|B (4FRG)	3.0 Å	84	(2) 4FRG|1|B, 4FRG|1|X
27	NR_3.0_04754.1	5U3G|1|B (5U3G)	2.3 Å	84	(1) 5U3G|1|B
28	NR_3.0_98075.1	2ZZM|1|B (2ZZM)	2.7 Å	84	(1) 2ZZM|1|B
29	NR_3.0_02656.1	4P5J|1|A (4P5J)	2.0 Å	83	(1) 4P5J|1|A
30	NR_3.0_27557.1	4KZD|1|R (4KZD)	2.2 Å	83	(4) 4KZD|1|R, 6B14|1|R, 6B3K|1|R, 4KZE|1|R
31	NR_3.0_31480.1	4YAZ|1|R (4YAZ)	2.0 Å	83	(4) 4YAZ|1|R, 4YAZ|1|A, 4YB0|1|R, 4YB0|1|A
32	NR_3.0_92081.5	5FQ5|1|A (5FQ5)	2.1 Å	83	(8) 5FQ5|1|A, 5FW2|1|A, 5VW1|1|C, 4UN4|1|A, 4UN5|1|A, 5FW3|1|A, 4UN3|1|A, 5FW1|1|A
33	NR_3.0_11709.1	3ZGZ|1|B (3ZGZ)	2.4 Å	82	(14) 3ZGZ|1|B, 4AQ7|1|B, 5OMW|1|B, 3ZGZ|1|E, 4AS1|1|B, 4ARI|1|B, 4AQ7|1|E, 4CQN|1|B, 3ZJT|1|B, 5OMW|1|E, 3ZJU|1|B, 4ARC|1|B, 4CQN|1|E, 3ZJV|1|B
34	NR_3.0_09775.1	5AH5|1|D (5AH5)	2.1 Å	81	(2) 5AH5|1|D, 5AH5|1|C
35	NR_3.0_13919.1	3AM1|1|B (3AM1)	2.4 Å	81	(1) 3AM1|1|B
36	NR_3.0_33394.2	5B2T|1|A (5B2T)	2.2 Å	81	(5) 5B2T|1|A, 5B2R|1|A, 5B2S|1|A, 4OO8|1|B, 4OO8|1|E
37	NR_3.0_13221.1	1H3E|1|B (1H3E)	2.9 Å	80	(1) 1H3E|1|B
38	NR_3.0_73731.1	3U4M|1|B (3U4M)	2.0 Å	80	(5) 3U4M|1|B, 4QVI|1|B, 3UMY|1|B, 4QG3|1|B, 3U56|1|B

续表

#	Equivalence class	Representative	Resolution	Nts	Class members
39	NR_3.0_23989.1	2BTE|1|B (2BTE)	2.9 Å	78	(2) 2BTE|1|B, 2BTE|1|E
40	NR_3.0_42241.1	2GDI|1|X (2GDI)	2.1 Å	78	(9) 2GDI|1|X, 2GDI|1|Y, 4NYA|1|A, 2HOJ|1|A, 2HOM|1|A, 2HOL|1|A, 4NYD|1|A, 4NYA|1|B, 2HOO|1|A
41	NR_3.0_56041.1	3AMT|1|B (3AMT)	2.9 Å	78	(1) 3AMT|1|B
42	NR_3.0_72172.1	5CCB|1|N (5CCB)	2.0 Å	78	(2) 5CCB|1|N, 5CCX|1|N
43	NR_3.0_27756.1	3D2V|1|A (3D2V)	2.0 Å	77	(8) 3D2V|1|A, 3D2X|1|A, 3D2V|1|B, 3D2G|1|A, 3D2X|1|B, 2CKY|1|A, 3D2G|1|B, 2CKY|1|B
44	NR_3.0_65284.1	2ZUE|1|B (2ZUE)	2.0 Å	77	(2) 2ZUE|1|B, 2ZUF|1|B
45	NR_3.0_27306.1	4JF2|1|A (4JF2)	2.3 Å	76	(1) 4JF2|1|A
46	NR_3.0_42401.1	4RDX|1|C (4RDX)	2.6 Å	76	(1) 4RDX|1|C
47	NR_3.0_55964.1	5D5L|1|A (5D5L)	2.5 Å	76	(4) 5D5L|1|A, 5D5L|1|D, 5D5L|1|B, 5D5L|1|C
48	NR_3.0_89906.2	5HC9|1|D (5HC9)	2.9 Å	76	(5) 5HC9|1|D, 4WC2|1|B, 5HC9|1|C, 1VFG|1|D, 1VFG|1|C
49	NR_3.0_03715.1	1QU2|1|T (1QU2)	2.2 Å	75	(3) 1QU2|1|T, 1QU3|1|T, 1FFY|1|T
50	NR_3.0_10787.1	5X6B|1|P (5X6B)	2.6 Å	75	(1) 5X6B|1|P
51	NR_3.0_29085.1	1N78|1|C (1N78)	2.1 Å	75	(14) 1N78|1|C, 1N78|1|D, 2DXI|1|C, 1N77|1|C, 2DXI|1|D, 2CV2|1|C, 1N77|1|D, 2CV2|1|D, 2CV1|1|D, 2CV1|1|C, 2CV0|1|C, 2CV0|1|D, 1G59|1|B, 1G59|1|D
52	NR_3.0_5269.1	2DR2|1|B (2DR2)	3.0 Å	75	(1) 2DR2|1|B
53	NR_3.0_57348.1	1GAX|1|D (1GAX)	2.9 Å	75	(4) 1GAX|1|D, 1GAX|1|C, 1IVS|1|C, 1IVS|1|D
54	NR_3.0_58761.1	2CSX|1|C (2CSX)	2.7 Å	75	(4) 2CSX|1|C, 2CT8|1|D, 2CT8|1|C, 2CSX|1|D
55	NR_3.0_73165.2	4PRF|1|B (4PRF)	2.4 Å	75	(14) 4PRF|1|B, 2OJ3|1|B, 1SJF|1|B, 1VC0|1|B, 1VC6|1|B, 1VBZ|1|B, 1SJ4|1|R, 1SJ3|1|R, 2OIH|1|B, 1VBY|1|B, 1VBX|1|B, 1CX0|1|B, 1DRZ|1|B, 1VC7|1|B
56	NR_3.0_04935.1	3AKZ|1|E (3AKZ)	2.9 Å	74	(6) 3AKZ|1|E, 3AKZ|1|F, 3AKZ|1|H, 3AKZ|1|G, 4YVJ|1|C, 4YVK|1|C
57	NR_3.0_09431.1	4PR6|1|B (4PR6)	2.3 Å	74	(1) 4PR6|1|B

续表

#	Equivalence class	Representative	Resolution	Nts	Class members
58	NR_3.0_19951.22	4YCO|1|D (4YCO)	2.1 Å	74	(108) 4YCO|1|D, 4YCO|1|F, 4YCO|1|E, 3FOZ|1|C, 4WOI|1|DW, 5NDK|1|X1, 4V9H|1|AV, 3L0U|1|A, 2ZM5|1|C, 5NDK|1|X4, 4V9D|1|BV, 2ZXU|1|C, 3FOZ|1|D, 4WQU|1|BW, 4W2E|1|w, 4WQF|1|BW, 5J4B|1|1y, 6CFJ|1|1w, 5W4K|1|1y, 5WIT|1|1w, 6CFJ|1|1y, 6CFJ|1|2w, 5J4C|1|1w, 5WIS|1|1y, 5J4C|1|1y, 4WQU|1|DW, 5NDK|1|W1, 6CFJ|1|2y, 5WIS|1|1w, 4V51|1|AW, 5J4B|1|1w, 4WQF|1|DW, 5J4C|1|2w, 5J4B|1|2w, 5NDK|1|W4, 5J4B|1|2y, 4WOI|1|AX, 5W4K|1|1w, 5J4C|1|2y, 4W2G|1|AW, 5WIS|1|2y, 5WIT|1|2w, 4V9D|1|AV, 5DOY|1|1y, 2ZM5|1|D, 5W4K|1|2y, 4Y4P|1|1y, 4WSD|1|1K, 4Z3S|1|1y, 5DOY|1|1w, 4V51|1|CW, 5DOY|1|2y, 4WSD|1|3L, 4W2I|1|AW, 4Z3S|1|1w, 4Z3S|1|2y, 4W2I|1|CW, 5W4K|1|2w, 1VY4|1|AW, 4WPO|1|BY, 4Y4P|1|2y, 4WSD|1|3K, 4W2G|1|CW, 4W2I|1|AY, 4W2F|1|AW, 4Y4P|1|1w, 4Z3S|1|2w, 4W2I|1|CY, 1VY4|1|AY, 4W2G|1|AY, 4WPO|1|DY, 5WIS|1|2w, 2ZXU|1|D, 5NDK|1|V4, 4W2G|1|CY, 5WIT|1|1y, 4W2F|1|AY, 4Y4P|1|2w, 5DOY|1|2w, 1VY5|1|AW, 1VY4|1|CY, 4WSD|1|1L, 5WIT|1|2y,

续表

#	Equivalence class	Representative	Resolution	Nts	Class members
58	NR_3.0_19951.22	4YCO|1|D (4YCO)	2.1 Å	74	5NDK|1|V1, 4W2F|1|CW, 4W2F|1|CY, 4WPO|1|BW, 1VY7|1|AY, 1VY5|1|AY, 1VY4|1|CW, 1VY7|1|CY, 1VY5|1|CW, 1VY5|1|CY, 4WPO|1|DW, 4W2H|1|AY, 4WQU|1|BY, 4W2H|1|CY, 4W2E|1|x, 4WQU|1|DY, 4WQF|1|BY, 4WQF|1|DY, 6AZ1|1|4, 6AZ1|1|2, 3R8O|1|V, 3R8N|1|V, 5AFI|1|y, 5IQR|1|4, 5IQR|1|6
59	NR_3.0_31819.2	1QTQ|1|B (1QTQ)	2.3 Å	74	(20) 1QTQ|1|B, 4JXX|1|B, 1ZJW|1|B, 4V7L|1|AW, 4V7L|1|CW, 1EUY|1|B, 4V7L|1|AY, 4V7L|1|CY, 1QRS|1|B, 1QRT|1|B, 1QRU|1|B, 1GTR|1|B, 2RD2|1|B, 1GTS|1|B, 5NWY|1|M, 2RE8|1|B, 1GSG|1|T, 1O0C|1|B, 1O0B|1|B, 1EXD|1|B
60	NR_3.0_39569.1	4YYE|1|C (4YYE)	2.3 Å	74	(2) 4YYE|1|C, 4YYE|1|D
61	NR_3.0_65073.1	3Q3Z|1|V (3Q3Z)	2.5 Å	74	(2) 3Q3Z|1|V, 3Q3Z|1|A
62	NR_3.0_70420.1	1J1U|1|B (1J1U)	2.0 Å	74	(1) 1J1U|1|B
63	NR_3.0_83386.1	1U0B|1|A (1U0B)	2.3 Å	74	(1) 1U0B|1|A
64	NR_3.0_98593.1	5D8H|1|A (5D8H)	2.8 Å	74	(1) 5D8H|1|A
65	NR_3.0_06496.1	5E6M|1|C (5E6M)	2.9 Å	73	(2) 5E6M|1|C, 5E6M|1|E
66	NR_3.0_45659.1	4ZNP|1|A (4ZNP)	2.9 Å	73	(2) 4ZNP|1|A, 4ZNP|1|B
67	NR_3.0_96162.1	5CZZ|1|B (5CZZ)	2.6 Å	73	(2) 5CZZ|1|B, 5AXW|1|B
68	NR_3.0_30153.3	5AXM|1|P (5AXM)	2.2 Å	72	(10) 5AXM|1|P, 5AXN|1|P, 4TNA|1|A, 1EHZ|1|A, 1I9V|1|A, 1TN1|1|A, 1TN2|1|A, 4TRA|1|A, 6TNA|1|A, 1TRA|1|A
69	NR_3.0_65123.1	4ZT0|1|D (4ZT0)	2.9 Å	72	(2) 4ZT0|1|D, 4ZT0|1|B
70	NR_3.0_98033.1	2AZX|1|D (2AZX)	2.8 Å	72	(2) 2AZX|1|D, 2AZX|1|C
71	NR_3.0_01439.1	5TPY|1|A (5TPY)	2.8 Å	71	(1) 5TPY|1|A
72	NR_3.0_28348.1	4JXZ|1|B (4JXZ)	2.4 Å	71	(2) 4JXZ|1|B, 4JYZ|1|B
73	NR_3.0_33389.1	2DU3|1|D (2DU3)	2.6 Å	71	(2) 2DU3|1|D, 2DU4|1|C
74	NR_3.0_35542.43	5L4O|1|A (5L4O)	2.8 Å	71	(83) 5L4O|1|A, 5HCQ|1|1x, 5IBB|1|2K, 5HCQ|1|2x, 5IB7|1|2K, 4V8D|1|CC,

续表

#	Equivalence class	Representative	Resolution	Nts	Class members
74	NR_3.0_35542.43	5L4O|1|A (5L4O)	2.8 Å	71	5HCR|1|1x, 4Z8C|1|1x, 5J4B|1|1x, 4WSD|1|2L, 4V8D|1|AC, 5IBB|1|2L, 5J4B|1|2x, 4Z8C|1|2x, 4WSD|1|2K, 5J4C|1|1x, 4WPO|1|BX, 5W4K|1|1x, 1VY4|1|AX, 4W2H|1|AX, 5HCR|1|2x, 4LNT|1|XV, 5HD1|1|1x, 5HCP|1|1x, 5HAU|1|1w, 5J4C|1|2x, 4W2I|1|AX, 5WIS|1|1x, 5IB7|1|2L, 4W2G|1|CX, 4LNT|1|QV, 4W2H|1|CX, 5W4K|1|2x, 5HAU|1|2w, 4Y4P|1|1x, 4W2G|1|AX, 5HCP|1|2x, 5DOY|1|1x, 5WIT|1|1x, 5HD1|1|2x, 4W2I|1|CX, 1VY7|1|AX, 4Z3S|1|1x, 1VY4|1|CX, 4W2F|1|AX, 1VY5|1|AX, 4V51|1|CV, 4WPO|1|DX, 4V9R|1|AX, 4V9R|1|CX, 4W2F|1|CX, 5WIS|1|2x, 4V51|1|AV, 4Y4P|1|2x, 1VY6|1|AX, 4Z3S|1|2x, 1VY6|1|CX, 4WQY|1|BX, 5DOY|1|2x, 5WIT|1|2x, 5F8K|1|1x, 1VY5|1|CX, 4V8B|1|AC, 4V67|1|AY, 4V7L|1|CX, 4V8B|1|CC, 4V7L|1|AX, 5F8K|1|2x, 4V67|1|CY, 4WQY|1|DX, 1VY7|1|CX, 4V8B|1|AD, 4V8B|1|CD, 4V67|1|AZ, 4V67|1|CZ, 6AZ1|1|3, 5AFI|1|v, 5AFI|1|w, 5MDV|1|5, 2FMT|1|D, 2FMT|1|C, 5IQR|1|5, 4BTC|1|V
75	NR_3.0_36247.1	2OIU|1|Q (2OIU)	2.6 Å	71	(1) 2OIU|1|Q
76	NR_3.0_59689.4	4XNR|1|X (4XNR)	2.2 Å	71	(5) 4XNR|1|X, 4TZY|1|X, 4TZX|1|X, 5UZA|1|X, 5SWE|1|X

续表

#	Equivalence class	Representative	Resolution	Nts	Class members
77	NR_3.0_60142.1	2OIU|1|P (2OIU)	2.6 Å	71	(1) 2OIU|1|P
78	NR_3.0_63265.1	3LA5|1|A (3LA5)	1.7 Å	71	(1) 3LA5|1|A
79	NR_3.0_69516.1	1Y26|1|X (1Y26)	2.1 Å	71	(1) 1Y26|1|X
80	NR_3.0_73445.1	4LX6|1|A (4LX6)	2.2 Å	71	(2) 4LX6|1|A, 4LX5|1|A
81	NR_3.0_74174.1	5KPY|1|A (5KPY)	2.0 Å	71	(1) 5KPY|1|A
82	NR_3.0_79254.1	3KFU|1|L (3KFU)	3.0 Å	71	(4) 3KFU|1|L, 3KFU|1|K, 3KFU|1|N, 3KFU|1|M
83	NR_3.0_90969.1	2ZZN|1|D (2ZZN)	3.0 Å	71	(2) 2ZZN|1|D, 2ZZN|1|C
84	NR_3.0_26998.1	1KXK|1|A (1KXK)	3.0 Å	70	(1) 1KXK|1|A
85	NR_3.0_42502.1	5HR7|1|D (5HR7)	2.4 Å	70	(2) 5HR7|1|D, 5HR7|1|C
86	NR_3.0_93427.1	5UD5|1|C (5UD5)	2.4 Å	70	(4) 5UD5|1|C, 5UD5|1|D, 5V6X|1|C, 5V6X|1|D
87	NR_3.0_45040.1	3EPH|1|E (3EPH)	3.0 Å	69	(2) 3EPH|1|E, 3EPH|1|F
88	NR_3.0_66984.1	3IVN|1|A (3IVN)	2.8 Å	69	(2) 3IVN|1|A, 3IVN|1|B
89	NR_3.0_85174.1	1QF6|1|B (1QF6)	2.9 Å	69	(1) 1QF6|1|B
90	NR_3.0_88566.1	3MOJ|1|A (3MOJ)	2.9 Å	69	(1) 3MOJ|1|A
91	NR_3.0_92167.1	5OB3|1|A (5OB3)	2.0 Å	69	(1) 5OB3|1|A
92	NR_3.0_03710.1	1C0A|1|B (1C0A)	2.4 Å	68	(3) 1C0A|1|B, 1EFW|1|D, 1EFW|1|C
93	NR_3.0_19188.1	4QEI|1|C (4QEI)	2.9 Å	68	(1) 4QEI|1|C
94	NR_3.0_40252.1	2QUS|1|A (2QUS)	2.4 Å	68	(2) 2QUS|1|A, 2QUS|1|B
95	NR_3.0_56345.1	5SWD|1|B (5SWD)	2.5 Å	68	(4) 5SWD|1|B, 5E54|1|B, 5E54|1|A, 5SWD|1|A
96	NR_3.0_65615.1	5HR6|1|C (5HR6)	2.9 Å	68	(2) 5HR6|1|C, 5HR6|1|D
97	NR_3.0_70496.1	1Y27|1|X (1Y27)	2.4 Å	68	(1) 1Y27|1|X
98	NR_3.0_72021.1	4PQV|1|A (4PQV)	2.5 Å	68	(1) 4PQV|1|A
99	NR_3.0_24819.2	1IL2|1|C (1IL2)	2.6 Å	67	(9) 1IL2|1|C, 1IL2|1|D, 2TRA|1|A, 3TRA|1|A, 1ASZ|1|S, 1ASY|1|S, 1ASZ|1|R, 1ASY|1|R, 1VTQ|1|A
100	NR_3.0_27778.1	5WT1|1|C (5WT1)	2.6 Å	67	(2) 5WT1|1|C, 5WT1|1|F
101	NR_3.0_76114.1	3RKF|1|C (3RKF)	2.5 Å	67	(4) 3RKF|1|C, 3RKF|1|B, 3RKF|1|A, 3RKF|1|D
102	NR_3.0_89429.3	4FEN|1|B (4FEN)	1.4 Å	67	(27) 4FEN|1|B, 4FEO|1|B, 4FEL|1|B, 4FEP|1|B, 4FEJ|1|B, 4FE5|1|B, 2XNZ|1|A, 2XNW|1|A, 3GOT|1|A, 2G9C|1|A, 3GAO|1|A, 3GER|1|A,

续表

#	Equivalence class	Representative	Resolution	Nts	Class members
102	NR_3.0_89429.3	4FEN|1|B (4FEN)	1.4 Å	67	2EES|1|A, 3GOG|1|A, 3DS7|1|A, 2EET|1|A, 3FO4|1|A, 2EEV|1|A, 3DS7|1|B, 3FO6|1|A, 3G4M|1|A, 3GES|1|A, 2B57|1|A, 2EEW|1|A, 2EEU|1|A, 2XO1|1|A, 1U8D|1|A
103	NR_3.0_21705.1	3SKI|1|A (3SKI)	2.3 Å	66	(8) 3SKI|1|A, 3SKI|1|B, 3SLM|1|B, 3SKZ|1|A, 3SLM|1|A, 3SLQ|1|A, 3SKZ|1|B, 3SLQ|1|B
104	NR_3.0_34221.1	1B23|1|R (1B23)	2.6 Å	66	(1) 1B23|1|R
105	NR_3.0_26284.1	1H4S|1|T (1H4S)	2.9 Å	65	(2) 1H4S|1|T, 1H4Q|1|T
106	NR_3.0_30439.1	3EGZ|1|B (3EGZ)	2.2 Å	65	(1) 3EGZ|1|B
107	NR_3.0_60469.1	4N0T|1|B (4N0T)	1.7 Å	65	(3) 4N0T|1|B, 5TF6|1|B, 5TF6|1|D
108	NR_3.0_47330.1	3SKL|1|B (3SKL)	2.9 Å	64	(4) 3SKL|1|B, 3SKL|1|A, 3SKW|1|A, 3SKW|1|B
109	NR_3.0_48352.1	4XWF|1|A (4XWF)	1.8 Å	64	(2) 4XWF|1|A, 4XW7|1|A
110	NR_3.0_55424.1	3NKB|1|B (3NKB)	1.9 Å	64	(1) 3NKB|1|B
111	NR_3.0_63919.1	5B63|1|D (5B63)	3.0 Å	64	(2) 5B63|1|D, 5B63|1|B
112	NR_3.0_83181.1	2DLC|1|Y (2DLC)	2.4 Å	64	(1) 2DLC|1|Y
113	NR_3.0_99632.2	1YFG|1|A (1YFG)	3.0 Å	64	(1) 1YFG|1|A
114	NR_3.0_82534.1	1F7U|1|B (1F7U)	2.2 Å	63	(2) 1F7U|1|B, 1F7V|1|B
115	NR_3.0_03470.1	1SER|1|T (1SER)	2.9 Å	62	(1) 1SER|1|T
116	NR_3.0_06843.2	1EVV|1|A (1EVV)	2.0 Å	62	(4) 1EVV|1|A, 1TTT|1|F, 1TTT|1|D, 1TTT|1|E
117	NR_3.0_51962.2	4YCP|1|B (4YCP)	2.6 Å	62	(1) 4YCP|1|B
118	NR_3.0_76901.1	5BTP|1|B (5BTP)	2.8 Å	62	(2) 5BTP|1|B, 5BTP|1|A
119	NR_3.0_39792.1	4U7U|1|L (4U7U)	3.0 Å	61	(2) 4U7U|1|L, 4U7U|1|X
120	NR_3.0_46720.2	5DDP|1|A (5DDP)	2.3 Å	61	(4) 5DDP|1|A, 5DDP|1|B, 5DDR|1|B, 5DDR|1|A
121	NR_3.0_99751.1	2HVY|1|E (2HVY)	2.3 Å	61	(1) 2HVY|1|E
122	NR_3.0_23049.1	1KUQ|1|B (1KUQ)	2.8 Å	60	(3) 1KUQ|1|B, 1F7Y|1|B, 1DK1|1|B
123	NR_3.0_34126.1	3HAX|1|E (3HAX)	2.1 Å	60	(1) 3HAX|1|E
124	NR_3.0_70313.2	5H9F|1|L (5H9F)	2.5 Å	60	(1) 5H9F|1|L
125	NR_3.0_74932.1	6B44|1|M (6B44)	2.9 Å	60	(1) 6B44|1|M
126	NR_3.0_76909.1	3RW6|1|H (3RW6)	2.3 Å	60	(2) 3RW6|1|H, 3RW6|1|F

续表

#	Equivalence class	Representative	Resolution	Nts	Class members
127	NR_3.0_33278.1	5LYS|1|B (5LYS)	2.3 Å	59	(6) 5LYS|1|B, 5LYV|1|B, 5LYS|1|A, 5LYU|1|B, 5LYU|1|A, 5LYV|1|A
128	NR_3.0_48748.1	5T5A|1|A (5T5A)	2.0 Å	59	(1) 5T5A|1|A
129	NR_3.0_52315.1	4M4O|1|B (4M4O)	2.0 Å	59	(1) 4M4O|1|B
130	NR_3.0_39651.1	3HJW|1|D (3HJW)	2.4 Å	58	(6) 3HJW|1|D, 3LWV|1|D, 3LWR|1|D, 3LWP|1|D, 3LWO|1|D, 3LWQ|1|D
131	NR_3.0_74849.1	1MMS|1|C (1MMS)	2.6 Å	58	(2) 1MMS|1|C, 1MMS|1|D
132	NR_3.0_36634.1	2QUW|1|B (2QUW)	2.2 Å	57	(2) 2QUW|1|B, 2QUW|1|D
133	NR_3.0_95614.1	1HC8|1|C (1HC8)	2.8 Å	57	(6) 1HC8|1|C, 1HC8|1|D, 1Y39|1|C, 1Y39|1|D, 1QA6|1|C, 1QA6|1|D
134	NR_3.0_26186.1	4JRC|1|B (4JRC)	2.7 Å	56	(2) 4JRC|1|B, 4JRC|1|A
135	NR_3.0_68503.2	3F4H|1|Y+ 3F4H|1|X (3F4H)	3.0 Å	56	(2) 3F4H|1|Y+3F4H|1|X, 6BFB|1|Y+6BFB|1|X
136	NR_3.0_26582.1	4K27|1|U (4K27)	2.4 Å	55	(1) 4K27|1|U
137	NR_3.0_46884.1	1MZP|1|B (1MZP)	2.7 Å	55	(1) 1MZP|1|B
138	NR_3.0_55702.1	1C9S|1|W (1C9S)	1.9 Å	55	(1) 1C9S|1|W
139	NR_3.0_18889.3	5C45|1|X+ 5C45|1|Y (5C45)	2.9 Å	54	(3) 5C45|1|X+5C45|1|Y, 5KX9|1|X+5KX9|1|Y, 2YIE|1|X+2YIE|1|Z
140	NR_3.0_19502.2	4RGE|1|C (4RGE)	2.9 Å	54	(4) 4RGE|1|C, 4RGE|1|B, 4RGE|1|A, 5DUN|1|A
141	NR_3.0_24202.1	4PKD|1|V (4PKD)	2.5 Å	54	(1) 4PKD|1|V
142	NR_3.0_79184.1	4GCW|1|B (4GCW)	3.0 Å	53	(2) 4GCW|1|B, 2FK6|1|R
143	NR_3.0_79951.1	4OJI|1|A (4OJI)	2.3 Å	53	(1) 4OJI|1|A
144	NR_3.0_58167.1	3E5C|1|A (3E5C)	2.3 Å	52	(3) 3E5C|1|A, 3E5F|1|A, 3E5E|1|A
145	NR_3.0_82984.1	4ENC|1|A (4ENC)	2.3 Å	52	(5) 4ENC|1|A, 4ENB|1|A, 3VRS|1|A, 4ENA|1|A, 4EN5|1|A
146	NR_3.0_83080.1	2QWY|1|C (2QWY)	2.8 Å	52	(3) 2QWY|1|C, 2QWY|1|A, 2QWY|1|B

续表

#	Equivalence class	Representative	Resolution	Nts	Class members
147	NR_3.0_83027.1	3NPQ|1|A (3NPQ)	2.2 Å	51	(4) 3NPQ|1|A, 3NPQ|1|C, 3NPQ|1|B, 3NPN|1|A

表注：表格中每列分别为序号，RNA 3D Hub 标识，典型代表结构，结构分辨率，典型代表结构序列长度和每类结构中包含的所有结构。

附录 D 代谢物分析训练主要代码

```
from __future__ import absolute_import
from __future__ import division
from __future__ import print_function

import tensorflow as tf
import math
from sklearn.model_selection import train_test_split
import numpy as np
import sys
import random
import os

MODEL_PATH = "./New-trained_models"
if not os.path.isdir(MODEL_PATH):
    os.makedirs(MODEL_PATH)

train_ratio = 0.8

############ Deep Learning Training Process########################
images0 = np.loadtxt('imgs-train.txt')   ## N*m matrix, m = 60*12,
          stands for a
flatted image
labels = np.loadtxt('label-train.txt')

if np.shape(labels)[1]==1 :
    labelt = np.transpose(labels)
    labels = np.transpose(np.concatenate((at, [1-at0 for at0 in
             labelt])))

for bb0 in images0:  ### Normalize to be 0 ~255.
    bb0 *= (255.0/bb0.max() )
```

```
mean_img = []
std_img = []
## batch normalize the images according to pixel and save the mean and
  std of each
pixel ##
epsilon = 0.001
out_array=[]
for pixel in np.transpose(images0):
     mean_v = np.mean(pixel)
     std_v  = np.std(pixel)
     tmp2 = [(k-mean_v)/(std_v+epsilon) for k in pixel]
     mean_img.append(mean_v)
     std_img.append(std_v)
     out_array.append(tmp2)

images = np.transpose(out_array)
########################################



# Weight Initialization
def weight_variable(shape, var_name):
    initial = tf.truncated_normal(shape, stddev=0.1)
    return tf.Variable(initial, name = var_name )

def bias_variable(shape):
     initial = tf.constant(0.1, shape=shape)
     return tf.Variable(initial)

# Convolution and Pooling
def conv2d(x, W):
     return tf.nn.conv2d(x, W, strides=[1, 1, 1, 1], padding='SAME')

def max_pool_2x2(x):
    return tf.nn.max_pool(x, ksize=[1, 2, 2, 1],
```

```
                              strides=[1, 2, 2, 1], padding='SAME')

x = tf.placeholder(tf.float32, [None, 60 * 12])
################## LeNet5 #################
# First Convolutional Layer
W_conv1 = weight_variable([4, 4, 1, 32],"W_conv1")    ## 4*4*1*32
b_conv1 = bias_variable([32])
x_image = tf.reshape(x, [-1,60,12,1])  # 60, 12

h_conv1 = tf.nn.relu(conv2d(x_image, W_conv1) + b_conv1)
h_pool1 = max_pool_2x2(h_conv1)

# Second Convolutional Layer
W_conv2 = weight_variable([4, 4, 32, 64] ,"W_conv2")   ## 4*4*32*64
b_conv2 = bias_variable([64])

h_conv2 = tf.nn.relu(conv2d(h_pool1, W_conv2) + b_conv2)
h_pool2 = max_pool_2x2(h_conv2)

# Densely Connected Layer
W_fc1 = weight_variable([15 * 3 * 64, 256],"W_fc1")   #  ,1024
b_fc1 = bias_variable([256])

h_pool2_flat = tf.reshape(h_pool2, [-1, 15*3*64])
h_fc1 = tf.nn.relu(tf.matmul(h_pool2_flat, W_fc1) + b_fc1)

# Dropout
keep_prob = tf.placeholder(tf.float32)
h_fc1_drop = tf.nn.dropout(h_fc1, keep_prob)

# Readout Layer
W_fc2 = weight_variable([256, 2],"W_fc2")
b_fc2 = bias_variable([2])
y_conv = tf.matmul(h_fc1_drop, W_fc2) + b_fc2
################### LeNet5 ################
```

```
# Define loss and optimizer
y_ = tf.placeholder(tf.float32, [None, 2])
cross_entropy = tf.reduce_mean(tf.nn.softmax_cross_entropy_with_logits
                (labels=y_, logits=y_conv))
train_step = tf.train.AdamOptimizer(1e-4).minimize(cross_entropy)
correct_prediction = tf.equal(tf.argmax(y_conv,1), tf.argmax(y_,1))
accuracy = tf.reduce_mean(tf.cast(correct_prediction, tf.float32))

num_models = 5
steps = 5000
batch_size = 64

saver = tf.train.Saver(max_to_keep = num_models)   ##@@ Save the
        trained model
@@##

for jj in range(num_models):
       sess = tf.InteractiveSession()
        sess.run(tf.global_variables_initializer())

        images_train, images_test, labels_train, labels_test = train
          _test_split(images, labels, train_size= train_ratio )

        for i in range(steps):
            random_select = np.random.randint(0, len(labels_train),
                            batch_size)
            batch_x = [ images_train[j1] for j1 in random_select ]
            batch_y = [ labels_train[j2] for j2 in random_select ]
            train_step.run(feed_dict={x: batch_x, y_: batch_y, keep
              _prob: 0.5})
            if i==0 or (i+1)%100 == 0:
               train_accuracy = accuracy.eval(feed_dict={ x:images_
                 train, y_: labels_train, keep_prob: 1.0})
               test_accuracy = accuracy.eval(feed_dict={ x: images_
```

```
          test, y_: labels_test, keep_prob: 1.0})
        print(i+1, train_accuracy, test_accuracy )


saver.save(sess, 'models-lenet5/model' + str(jj))

print (" Saved Machine :", jj, )
print (" Train_accuracy: ", train_accuracy, "  Test_accuracy: ",
  test_accuracy )
```

索　引

靶点预测网络模型 30, 33, 35
传递函数 82, 83, 84, 88
代谢物 81, 96, 97, 98, 99, 100, 103, 134
单层神经网络 80, 84, 86, 87, 88
蛋白激酶 13, 14, 15
蛋白质–蛋白质相互作用网络 12
蛋白质结构分类数据库 4
多层神经网络 88, 89, 90
反向传播算法 90, 91, 92
核磁共振波谱分析 3, 4
核糖开关 30, 58, 61, 62, 67, 68, 69, 70, 71
互信息 49, 50, 52, 53, 56
结构建模 7, 12, 13, 34, 35, 38, 48, 49, 53, 56, 64, 72
卷积神经网络 62, 80, 95, 96, 99, 100, 101
冷冻电镜 3, 4, 79
平均场近似 51, 54, 58, 64, 71
深度置信网络 94, 95
神经网络 80, 81, 82, 84, 85, 91, 94, 95, 100, 101, 102, 103
受限玻尔兹曼机 8, 59, 60, 62, 64, 66, 67, 68, 69, 70, 92, 93, 94
伪似然估计 51, 55, 56, 71
细胞周期蛋白 15, 16
细胞周期蛋白依赖性激酶 8, 13, 15, 17, 18, 29
直接耦合分析 7, 33, 38, 50, 56, 63, 70, 71
植物凝集素 13, 48, 56
DrugBank 数据库 5, 6, 7
GeneBank 2
HMDB 数据库 6
KEGG 数据库 5
NONCODE 数据库 2, 3
PAN-CDK 抑制剂 16
PDB 结构数据库 4, 5, 7, 48
TL 口袋 18, 26, 27, 28, 29
X 射线晶体衍射 3, 4